BELIEVE
IN YOURSELF

相信自己
确实能

自信是成功的基石

范 宸/著

中华工商联合出版社

图书在版编目（CIP）数据

相信自己确实能 / 范宸著 . -- 北京：中华工商联合出版社，2017.2

ISBN 978-7-5158-1854-2

Ⅰ.①相… Ⅱ.①范… Ⅲ.①自信心 – 通俗读物

Ⅳ.① B848.4-49

中国版本图书馆 CIP 数据核字 (2016) 第 290622 号

相信自己确实能

作　　者：范　宸
责任编辑：吕　莺　张淑娟
封面设计：周　源
责任审读：李　征
责任印刷：迈致红
出版发行：中华工商联合出版社有限责任公司
印　　刷：唐山富达印务有限公司
版　　次：2017 年 5 月第 1 版
印　　次：2022 年 2 月第 2 次印刷
开　　本：710mm×1000mm　1/16
字　　数：200 千字
印　　张：16.5
书　　号：ISBN 978-7-5158-1854-2
定　　价：48.00 元

服务热线：010 – 58301130
销售热线：010 – 58302813
地址邮编：北京市西城区西环广场A座
　　　　　19–20 层，100044
http:// www.chgslcbs.cn
E-mail：cicap1202@sina.com（营销中心）
E-mail：gslzbs@sina.com（总编室）

工商联版图书
版权所有　侵权必究

凡本社图书出现印装质量问题，请与印务部联系。

联系电话：010 – 58302915

目　录

第五章　让心灵自由翱翔

第六章　创新是永远的追求

努力能赢得精彩

第一章

充分发挥潜能，做最好的自己

　　人的潜能是无限的，等待着我们去开发。人的大脑就好比一个大书架，有的人大脑里满满的都是书，知识丰富；有的人大脑里只有几本书，知识贫乏。一个大脑健康的人与一个伟大科学家之间并没有不可跨越的鸿沟，差别只在于用脑程度与方式的不同。从理论上讲，人脑的潜能几乎是无穷的。并非我们命里注定不能成为"爱因斯坦"，只要发挥了足够的潜能，任何一个平凡的人都可以成就一番惊天动地的事业，都可以成为"爱因斯坦"。如果你坚信潜能是无限的，并且你的潜能得到充分的开发，你的前途将是无法估量的。

　　人的潜能犹如一座金矿，蕴藏着无穷的能量，我们必须要懂得去开发和利用。如果你没有严格要求自己，没有对自己提出高要求，你的潜能便不能得到淋漓尽致的发挥，事业也不能得到较大的提高。

　　一位名叫梅尔龙的美国人被医生确诊为残疾，靠轮椅代步已12年。他的身体原本很健康，19岁那年，他赴越南打仗，

相信自己确实能

被流弹打伤了下半身。回美国医治后，他虽然逐渐康复，但是再也无法下地行走了。他整天坐在轮椅上，觉得此生已经没有任何希望，因此经常借酒消愁。有一天，他从酒馆出来，照常坐轮椅回家，在路上碰上三个劫匪抢他的钱包。他拼命呐喊，他的反抗触怒了劫匪，他们竟然放火烧他的轮椅。轮椅突然着火，梅尔龙忘记了自己不能行走，他拼命逃，竟然一口气跑出了一条街。事后，梅尔龙说："如果当时我不逃走，就必然被烧伤，甚至被烧死。我忘了一切，一跃而起，拼命逃跑，直到停下脚步，我才发觉自己原来能够走动。"现在，梅尔龙已在奥马哈城找到一份工作，他已如常人一样行走。

如果你认为自己毫无价值或者价值很小，你就是在为自己的人生设限，那么你将永远发挥不出你的才能，你所能发挥出来的能力和达到的成就会永远超不出你为自己设计的高度。

爱丽舍 18 岁时移民到美国。到美国 6 个月后，为了上大学，她参加了 SAT 考试。那时虽然她的英语口语已经不错，但是文法、词汇和作文还不行。她的 SAT 数学考了 780 分（满分 800 分），英语却只考了 280 分。要知道，英语就算交白卷也有 200 分。可以想象 280 分是个多么糟糕的分数。但是她依然自信地申请了哈佛大学的电机工程系。

由于爱丽舍的 SAT 英语分数太低，她的申请表很可能没被仔细阅读就直接被拒绝了。但是她不服输，她深信如果被录取，她会成为一个优秀的工程师。于是，爱丽舍决定"上诉"。

爱丽舍直接写了一封信给哈佛大学的校长。在信中，爱丽舍做了自我介绍，自豪地描述了她在理工方面的成就，并解释了英语考试成绩不理想的原因是她刚到美国六个月，她特别强调了她的学习能力和刻苦精神。最后，爱丽舍写道："校长女士，如果你录取我，我保证我会成为贵校的骄傲。"两天后，校长约见了爱丽舍。校长在和爱丽舍面谈时，意识到她的英语进步得很快。爱丽舍向校长当面保证她的英语会学得和美国同学一样好。一星期后，哈佛大学决定录取爱丽舍。

从差一点被哈佛大学拒之门外到被哈佛大学录取，爱丽舍的学习能力起了重要的作用，她的自信在其中更是扮演着无可替代的作用。假如爱丽舍不够自信，假如她不敢给校长写信，假如她不敢与校长面谈，她很可能就不会成功地进入哈佛大学了。

如果你很有实力，但是你不相信自己，你不敢说"我能做到"，鲜花和掌声就会从你的身边悄悄溜走；等你发现时已经为时已晚，成功的宝座已属于那些敢于相信自己的人。所以，我们一定要有充分的自信心，敢于大声地说："我能做到！"

回忆一下，你是否曾骄傲地说过"我能做到"？寻找一下，你记忆的长河里是否有"我相信自己"之类的话语？"相信自己，我能做到最好！"这只是一句简单的话，但并不是一句空话，更不是一句夸夸其谈的玩笑。这是对自己的能力的一种肯定，

相信自己确实能

也是对自己的一种激励。

自信是人发挥出才能的前提。发挥出你的才能，你才能更加接近成功，而成功会使你更加自信。在走向成功的路途中，我们可以缺乏任何东西，但就是不能缺少自信。自信绝对不是一个空洞的词，而是每个渴望成功的人必须具备的素质，我们一定要让它扎根在灵魂的深处，跟随自己的心脏和血液一起跳动和流淌，只有这样，才能最大限度地激发我们的潜能，唤醒隐藏在我们心底的力量，创造美好的人生。

一个盲人整天为自己看不见而烦恼，他到处求医，一心想治好自己的眼睛。后来有一位医生告诉他："你从现在开始弹琴，等你弹断 1000 根琴弦以后，你的眼睛自然就好了。"盲人信以为真，从此开始努力练琴。他的生活每天都在琴声中愉快地度过，后来他迷上了弹琴，并感到自己的生活充实了许多，人也变得乐观了起来，也不再想自己还是盲人。等到 1000 根琴弦都弹断了，他的眼睛并没有好起来，可他却不再求医治病了，因为他已经意识到自己有很多闪光点，这些闪光点完全可以弥补自身的不足，使自己的生活更加充实。

为什么这个盲人能唱响自信之歌呢？因为他能够从看到自己的缺点转为看到自己的优点，看到自己的进步，最终获得自信。

自信的人对自我有充分的认识，能接纳自己的不足，扬长避短；自信的人在内心积蓄力量，收拢五指攥紧拳头然后用力出击；自信的人立足现实，迈着坚实的脚步，一步一个脚印地收获成功；自信的人能够发挥自己的潜力，做最好的自己。

每个人的身上都隐藏着无穷的潜能，等待我们用信念去唤醒。谁能唤醒它，谁就能在困境面前获得信心，在境遇不理想时不悲伤，在失败时保持韧劲，在人生的低谷中也不彷徨，向着自己的目标勇往直前，创造出骄人的成绩。如果你是金子，就不要甘心永远被埋在沙子里，你要亮出自己，这样，人们才会看到你的闪光。如果你是花朵，就不要永远只是含苞待放，你要露出笑脸，因为人们渴望嗅到你的芳香。如果你是雨滴，就不要永远藏在云朵里，因为大地渴望得到你的滋润。做最好的自己，充分发挥自己的潜能，相信成功就在不远处。

坚定信念，扬起前进的风帆

美国作家爱默生说过："自信是成功的第一秘诀。"的确，人如果没有自信，别说无法获得成功，从某种角度说，连最起码的生活都无法保障。人想要生存，想要发展，想要有骄人的成绩，就必须要有自信，要有"天生我材必有用"的信心和豪情。

信念的力量是巨大的。因为信念能够在人最困难的时候给人以鼓舞，是人的精神支柱，是人前进的动力。它可以使人无比强大，所向披靡。即使在最困难的时候，也不要熄灭心中信念的火把。

烈日当头，一支探险队在一望无际的沙漠中缓慢地前行。骄阳似火，烤得探险队员们口干舌燥，汗如雨下。最糟糕的是，他们没有水了。这该怎么办？！在沙漠中没有水就意味着死亡，水就是他们赖以生存的信念。而现在信念破灭了，队员们一个个像丢了魂似的，不约而同地将目光投向队长。

经验丰富的队长看着大家无助而又略带期盼的目光，从腰间取出一个水壶，然后将水壶举起来，用力晃了晃，惊喜地喊道：

"哦，我这里还有一壶水！但穿越沙漠前，谁也不能喝。"沉甸甸的水壶在队员们的手中依次传递，大家绝望的脸上又显露出坚定的神色，一定要走出沙漠的信念支撑着他们踉跄着一步一步地向前挪动。他们每当想要放弃时，只要看看队长的水壶，就陡然增添了几分力量，于是他们抿抿干裂的嘴唇，继续前进。

经过艰难的跋涉，他们终于走出了一望无际的沙漠。大家喜极而泣，内心都在感激那个给了他们信念支撑的水壶。没有那个水壶，他们是不可能死里逃生的。

当队长小心翼翼地拧开水壶盖时，大家都傻了眼。从壶中缓缓流出的并不是水，而是沙子。队长诚恳地对惊呆的队员们说："无论在什么情况下，都要抱有坚定的信念，因为信念可以让我们战胜一切困难。"

信念，是蕴藏在心中的一团永不熄灭的火焰。信念，是保证成功的内在驱动力。信念的最大价值是支撑着人对美好事物孜孜以求。

无论身处多么险恶的环境，对人来说都没有失去了生活的信念可怕。信念是支撑生命的脊梁，一个人活着，无论外界环境多么恶劣，只要他心中信念的灯亮着，所有的艰难困苦都算不了什么。信念的力量在于即使你身处逆境，信念亦能帮助你扬起前进的风帆；信念的伟大在于即使你遭遇不幸，信念亦能召唤你鼓起生活的勇气；信念的神奇在于不管你在人生的什么

相信自己确实能

阶段，信念都可以使你充满激情。

有两位七十多岁的老太太是邻居。一位老太太认为到了这个年纪可算是到了人生的尽头，于是便开始料理"后事"；另一位老太太却认为一个人能做什么事不在于年龄的大小，而在于自己的想法。于是，这位老太太在 70 岁高龄之际开始学习登山。随后的 25 年里，她一直冒险攀登高山。95 岁那年，她登上了日本的富士山，打破了攀登此山的最高年龄纪录。她就是著名的胡达·克鲁斯老太太。

上天是公平的，它赐予每个人巨大的潜能，人人都可以凭借自己的努力获得成功。但每个人的命运又不尽相同，这是因为有些人在面对困难时有自信心，他们不断地进取，从而取得了成绩；而另一些人却没有自信心，所以他们的人生才没有发光发亮。

尼克是一家铁路公司的调度人员，他工作认真负责。不过他有一个缺点，就是缺乏自信，对人生很悲观，常以否定、怀疑的眼光去看世界。

有一天，公司的职员赶着去给老板过生日，都提早急急忙忙地走了。不巧的是，尼克不小心被关在一个待修的冷藏车里。恐惧之下，尼克在车厢里拼命地敲打着、喊着，但全公司的人都走了，根本没有人听到他的呼喊。尼克的手掌敲得红肿，喉咙喊得沙哑，他最后只好颓然地坐在地上喘息。他越想越害怕，心想：车厢里的温度只有零度，如果再不出去的话，一定会被冻死。

第二天早上，公司的职员陆续来上班。他们打开冷藏车的门，赫然发现尼克倒在地上。他们将尼克送去急救，但已经无法挽回他的生命了。大家都很惊讶，因为冷藏车里的冷冻开关并没有启动，这巨大的车厢内也有足够的氧气，尼克竟然在十几度的车厢里被"冻"死了！

尼克并非死于车厢内的"零度"，而是死于他心中的"冰点"。他已经失去了生存的信心，他已给自己判了"死刑"，又怎么能够活下去呢？

如果你认为自己没有勇气，你就会懦弱胆小地活着；如果你认为自己会被击倒，你就会被敌人踩在脚下；如果你认为自己将会失败，你终将品尝失败的苦酒。如果你想赢，却认为自己不会赢，那么，你已经和胜利说了再见！你的人生是由你自己来把握的，你的命运是由自己来掌握的，如果你不能做到相信自己，你又怎么能够取得成绩、掌握人生呢？

信念是一种坚定的态度。虽然有很多因素决定着我们的成败，我们不见得做每一件事都会成功，但我们一旦决定要去做一件事情，就应该怀有成就这件事情的信念，这种信念会增强我们做事的信心，从而增加成功的机会。

有这样一个故事：

两个秀才经过十载的寒窗苦读，一起去赶考。在进京的路上，他们遇到了一支出殡的队伍，黑乎乎的棺材非常刺眼，再

相信自己确实能

加上送葬队伍凄惨的哭声，让人感觉很是不快。

其中的一个秀才心里"咯噔"一下，心想："这下完了，赶考的日子碰到倒霉的棺材，岂不预示着我考试不顺吗？"于是他的心情一落千丈。进入考场后，虽然他尽力把注意力集中在试卷上，但那个黑乎乎的棺材一直在他的脑海里挥之不去，结果他文思枯竭，最终果然名落孙山。

另一个秀才也看到了棺材，一开始他心里也"咯噔"一下，但是，他转念一想：棺材、棺材，不就是"有官又有财"吗？好兆头！于是，他情绪高涨，认定自己必将升官发财。进入考场后，他胸有成竹、文思泉涌，最终果然金榜题名。

发榜那天，两个秀才说了同一句话："棺材果然是上天给我的暗示啊！"

同样的寒窗苦读，同样的进京赶考，同样的路遇棺材，结果却是天壤之别，究其原因正是在于两人的信念不同。

有一位年轻的警察，曾经是一个高大魁梧、双目炯炯有神的英俊小伙子。在一次追捕行动中，歹徒用冲锋枪射中了他的左眼和右腿膝盖，他的左眼失明了，右腿也不能正常行走了。由于表现英勇，他获得了纽约市政府和其他一些社会组织授予的勋章和锦旗。一位记者采访他，问道："你以后将如何面对所遭受的厄运呢？"这位警察说："我只知道歹徒现在还没有被抓获，我要亲手抓住他！"他不顾别人的劝阻，参与了抓捕歹徒的行动。他不放过任何可能破案的机会，为了搜集证据，他几乎跑遍了整个美国。有一次为了一条线索，他甚至独自一人乘飞机去了欧洲。

多年之后，案件终于得以告破，歹徒被绳之以法。在整个抓捕过程中，这位年轻的警察起到了至关重要的作用。在庆功会上，他再次成为英雄，许多媒体报道了他的事迹，称赞他是最勇敢、最坚强的人。然而，令人意想不到的是，这之后不久，他却辞职了。在他的辞职书中，人们读到这样一段话："这些年来，我的信念就是抓住凶手……现在，伤害我的凶手被判刑了，我的仇恨被化解，我可以离开了。"

是的，这就是信念的力量！拥有了信念，即使身体残疾，人也会为了达到心中的目标而四处奔走；失去了信念，人就会失去动力。

人生的旅途不可能总是一帆风顺。在遭受苦难时，只要心怀信念，一样可以成为生活的强者，创造出常人难以创造的奇迹。

科学用脑，灵感不请自来

思维能力是人类被大自然赋予的区别于动物的能力，是人类大脑的基本功能之一。但在实际生活中，思维能力的强弱因人而异，即使是同一个人，处于不同的年龄段时，思维能力也会有较大差异。同时，还有其他一些因素使人的精神面貌和体能呈现较大的差异。现在越来越多的人抱怨自己状态不好，一动脑子就头痛。对此，研究人员指出，下列因素在一定程度上损害了我们的思维能力：

（1）工作繁重、压力大

压力分为两种：一种是情绪压力，可能是正面的，如喜悦或愉快；也可能是负面的，如恐惧或愤怒。一个人有良好的自制能力，情绪就会被合理控制。另一种是生理压力，主要源于身体某方面的功能超负荷，如暴饮暴食、过度工作等。适度的压力可以促进思维能力的发展。轻微的压力比没有压力更能帮助人们发挥潜能，而过重的压力则会对思维能力造成不良的影响。

繁重的工作和生活压力，令人的神经长期处于紧绷状态，得不到放松，这样会影响大脑的正常运转。压力大会导致睡眠不足或睡眠质量太差，更会加速脑细胞的衰老。

（2）睡眠不足

拥有充足的睡眠，是最可靠的能长久促进思维能力发展的好办法。而熬夜和过度睡眠都会损害思维能力。

（3）大脑缺乏新鲜空气

长时间处于空气污染的环境中或者不通风的空调环境中，空气中的含氧量不足，也会降低大脑的工作效率。

（4）不良嗜好

适量的酒精可以帮助人们消除疲劳，使身体活性化。但过量的酒精对思维和记忆能力却有百害而无一利，酒精对脑细胞的麻痹作用很可能导致人暂时性记忆丧失。研究表明，吸烟会加速人脑老化。沉迷于游戏或对电脑等电子设备太过依赖，会使人脑的使用率越来越低，导致思维能力逐渐下降。

可见，人的思维能力不是一成不变的，关键是要懂得如何善待大脑，如适当的营养补充、充分的休息、合理的运动等等。只要真正做到科学用脑、护脑，再加上科学的训练，相信激发良好的思维能力对多数人来说绝不是遥不可及的梦想。

小王是一名成绩优异的学生，他的秘诀就在于能把大脑调整到最佳状态。在介绍自己的经验时，他这样说道："要想学得好，就得在学习的时候保持最佳的状态。第一要做的，就是

相信自己确实能

不熬夜。我每天早上六点起床，吃完饭之后开始一天的学习。上课时，认真听讲，思路跟着老师走，不走神，不睡觉，神清气爽地上完一天的课。晚自习大概到十点结束，我回寝室就不看书了，十点半准时睡觉。第二就是发展自己的兴趣，让自己得到放松。我感觉现在的很多学生，除了学习之外，每天几乎都没有其他的活动了，也没有自己的兴趣爱好。其实，看看杂志、听听音乐、看看电影之类的事情都是很好的休闲活动，就算学习再忙，也没有必要把你的兴趣爱好全部放弃。我是学校乐队的队长，我每周至少要有三四个晚上练琴。我认为这对我的学习并没有不良影响，恰恰相反，练琴有时候能帮我调整紧张的情绪。"

因为有良好的方法把大脑调整到最佳状态，小王在学习中如鱼得水，事半功倍。其实，在工作中也是一样，只有让自己处于最佳状态，才能激发灵感。

威利·卡瑞尔年轻时曾是纽约水牛钢铁公司的一名工程师。有一天，他到一家玻璃公司去安装瓦斯清洁机。这是一种清洁瓦斯的新机器，可以更快、更省力地清除瓦斯中的杂质，使瓦斯燃烧时不会影响到机器的引擎。这种机器在以往的试用中取得了很好的效果。然而，在这家玻璃公司安装的时候，卡瑞尔遇到了许多没有料到的困难。虽然经过一番努力，机器勉强可以使用了，但远远没有达到公司承诺的质量。"那种懊恼的心情，我到现在依然记得很清楚，那感觉好像有人在我头上重重地打了一拳,烦恼、焦虑噬咬着我的心,有好长一段时间我彻夜不眠。"卡瑞尔说。后来,他意识到一直这样烦恼、焦虑下去,并不能解决问题。于是,他开始集中精力,一遍一遍地做试验,最后终于找到了解决的办法,这个办法让公司多赚了几倍的利润。

一个人不管做什么事情,都要调整好自己的心态,全神贯注,让自己的大脑处于最佳的状态,这样才能得到理想的结果。

虽然我们不是天生的发明家,但是,我们每个人都具有无限的创造力。思维能力是可以后天培养的,灵感也是可以激发的。灵感是创造性劳动过程中出现的一种功能达到高潮的心理状态,是指人们头脑里突然出现新思想的顿悟现象。它是一个人在对某一问题长期孜孜以求、冥思苦想之后,通过某一诱导物的启发,一种新的思路的突然接通。灵感是突然灵机一动,冲破迷雾豁然开朗。灵感来自哪里?灵感来自于对生活的积累,灵感也来自于你的思考技巧。

那么,如何科学地用脑,有效地激发自己的灵感呢?

(1) 不要让别人替代自己分析问题,自己要多进行思考

如果做错事了,自己要想一想什么地方做错了、为什么做错了、应该怎样做。很多人做事情时喜欢别人给他列出个一二三来,然后自己按部就班地去做,这样的依赖思想只会让自己的脑子越来越"懒惰",怎么可能出现灵感?自己多进行

相信自己确实能

思考和分析，才容易产生灵感。

（2）做事时多问"为什么"

不是要你去问别人"为什么"，而是要自问"为什么"，问问自己为何这样、如何去做，养成独立思考的习惯。这样做可以充分发挥你自身的潜能，并不断地将潜能转换为你自身的能力，久而久之，灵感会自然而至。

（3）要对自己有足够的信心，自己想办法解决问题

不要压抑自己，要多为自己提供宽松的环境，激发自身的创造性。不要给自己设限，记住：你唯一的限制就是你想象中的限制。我们许多时候是被自己打倒的，我们认为自己"不行"，所以我们办不到。

（4）不要怕失败，多鼓励自己

有一位著名的演说家举行了一次讨论会。讨论会一开始，他高举着一张 20 美元的钞票，面对着会议室里的 200 个人，问道："谁要这 20 美元？"一只只手举了起来。他接着说："我打算把这 20 美元送给你们中的一位，但在这之前，请准许我做一件事。"说着，他将钞票揉成一团，然后问："谁还要？"仍有人举起手来。"那么，假如我这样做呢？"他把钞票扔到地上，又踏上一只脚，用脚碾它，而后他拾起钞票，钞票已变得又脏又皱。"现在谁还要？"还是有人举起手来。"朋友们，你们已经上了一堂很有意义的课。无论我如何对待这张钞票，

你们还是想要它，因为它并没贬值，它依旧值 20 美元。人生路上，我们会无数次被逆境击倒，被欺凌甚至被碾得粉身碎骨，我们觉得自己似乎一文不值。但无论发生什么，或将要发生什么，在上天的眼中，你们永远不会丧失价值。无论肮脏或洁净，无论衣着齐整或不齐整，你们都是无价之宝。"

如果失败了，应该鼓励自己重新振作，找出失败的原因，克服困难，使自己"吃一堑，长一智"，逐渐变得更加成熟。

我们如果能多给自己一点刺激，多给自己一点信心、勇气、干劲，多一分胆略和毅力，就有可能使自己身上处于"休眠"状态的潜能发挥出来，创造出连自己也感到吃惊的奇迹来。

坚定目标，激发正能量

世上有没有好运气？如果有，如何抓住它？对此众说纷纭，莫衷一是。来看看高尔夫球手米德克夫·加尔博士在一篇文章中说的话："我挥出第一杆时，我就有一种自己一定会赢的感觉。我觉得我挥杆击球的每一个动作都恰到好处，肌肉活动也使我挥击自如。在将球打入洞时，我也一样有那种美妙的感觉。我明知我握杆的姿势及两脚的位置仍和往常一样，但我心中一有那种感觉之后，我只要随意一挥转，自然就稳操胜券了。这种稳操胜券的心理，是每个高尔夫球好手的秘密。当你有这种心情时，连球都会听你的话，而且这种心情似乎也可以控制那不可捉摸的'运气'。"

凯撒尔丁·亨利曾说过："每当我碰到一件很伤脑筋的难事时，我便物色一位乐观又热心的人去办，他会热衷而满怀自信地去解决困难，他有足够的勇气及想象力，并以小心的计划及勤劳的工作，来抓住那种轻松的心情，他会说：'事情虽然棘手，但还是可能办到的。'"

　　是的，如果我们有积极的想法，我们就能抓住看似不可捉摸的"运气"；反之，对于未来的不积极的想法，会使我们心急如焚，随之"好运"似乎也不翼而飞了。

　　为什么会这样呢？这是因为我们的意识创造系统发挥了作用。我们想象自己已经失败了，这种"想象的失败"会让我们的心理及行为都发生相应的变化。要是我们对失败念念不忘，而且不断地把失败的景象灌输给我们的大脑中枢，使它益发深刻及生动，以至于我们的神经系统也信以为真，我们就会有失败的感受。相反，若我们脑子里一直有个积极的目标，又一再生动地把这个目标向自己灌输，使它更加深刻清晰，把它看作是一个已经发生的事实，我们就会产生一种"稳操胜券的心理"：自信、勇往直前，而且深信结果一定令人满意。

　　意识创造系统的运用有什么秘诀呢？那就是：唤起、抓住及启发成功的感觉。当你感到成功的自信时，你就会有追求成功的举动。记住：不管你期待的是好运还是厄运，最终的结果都会印证你的期待。

　　虽然"稳操胜券的心理"本身是不会使你成功的，但是它是一种暗示，暗示着你正向成功迈进。当你能感到那种稳操胜券的心情时，你的"内部机器"就已经在成功的路上了。也就是说，"稳操胜券的心理"对一个人的成功是极有帮助的。

　　美国潘尼百货公司的老板吉姆·潘尼曾经讲过，在他父亲

相信自己确实能

临终时，他听到父亲说："我知道吉姆一定会成大器的。"打从那时起，潘尼就觉得自己会成功——虽然那时他并无资产，也没有受过什么教育。怀着"一定会成大器"的信念，他硬是在艰难的环境下，成了一位拥有大大小小数十间连锁商店的老板。每当感到沮丧时，他就会记起父亲的话，觉得无论如何都要克服这些困难。在他获得大量财富之后，他曾一度把所有的钱赔光了，那时他年纪已经相当大了，有很多人在他那个年纪早已退休了。不过，他又再度记起父亲的话，于是，他内心便又充满了那种"稳操胜券的心理"，于是他东山再起，几年之后，他的店铺开得比以前还要多。

所以，坚定你的目标，往往能产生非凡的效果。清晰而生动地对自己灌输这种目标，再体会当你实际达到目标时的那种心情，你的意志就会自然而然地产生巨大的力量。换句话说，你这样做，就是利用你潜意识的力量，而你的"内部机器"也就朝成功的方向定了位，会引导你做出正确的肌肉动作，也就会使你产生更富有创意的见解。

曾经有一位先生，由于受到职业问题的困扰，就跑去找职业规划师。这位先生很聪明，未婚，大学毕业已经四年。职业规划师先了解了这位先生目前的工作、教育背景和对事情的态度，然后对这位先生说："你找我帮你规划工作，你喜欢哪一种工作呢？"这位先生说："这就是我找你的目的，无论做什么我都没有信心，我真的不知道自己想要做什么。"

职业规划师说："我希望你明白，找工作以前，一定要先深入了解哪一行适合自己。所以，从这个角度来看看你的计划，十年以后你希望自己成为怎样的人呢？"

这位先生沉思了一会儿说："我希望我的工作和别人一样，待遇很优厚，并且我能挣足够的钱买一栋好房子。当然我还没深入考虑过这个问题呢。"

职业规划师说："你现在的情形仿佛跑到航空公司里说'给我一张机票'一样。除非你说出你的目的地，否则人家无法卖给你机票。如果你自己都不知道自己的目标，别人也就无法帮你找工作。只有你自己的信念才能让你到达目的地。"

可见，只有确定了自己奋斗的目标，我们才能调动起"沉睡"在心底那些优秀、独特的品质，才能锻炼自己、造就自己，才能像雄鹰一样展翅翱翔。

《爱拼才会赢》里有句歌词写得很好：三分天注定，七分靠打拼，爱拼才会赢！

1996年，21岁的毛头小伙子章勇来到上海闯荡，寻找发家的机会。人生地不熟，住在没有风扇和电视机的房子里，他天天思忖着怎么打开自己的IT产品财务软件——金蝶的销路。没有人告诉他未来的道路应该怎么走，他只能听从内心的呼唤：自信、努力、拼搏！

相信自己确实能

"金蝶是卖碟片的？"面对客户的疑问，章勇意识到要想赢得市场，必须敢想敢干，有先声夺人的商战策略。经过对产品的深入研发，他率先在上海市场上将 Windows 操作系统的中文界面引入财务软件，使财务软件的操作界面更友好，这个改变使金蝶战胜了诸多国际著名的 ERP 厂商，金蝶迅速在上海财务软件市场中脱颖而出。在上海的软件企业中，章勇最早率领金蝶建立研发部门，使金蝶从做单一的财务软件转向管理软件。随着业务的发展，客户提出许多新需求，比如一些国际厂商希望系统能与国外总部的系统接轨。公司只有一两个研发人员，但大家在章勇的带领下，不断对产品进行技术改革，为上海金蝶成功转变为集销售、市场、研发、技术支持等诸多职能于一体的企业管理解决方案供应商奠定了基础。当许多软件企业还没想到投放广告时，章勇已开始一家家地拜访媒体，将市场宣传做得有声有色。他免费派送财务管理软件试用版，为财务人员做管理软件培训。虽然很多人认为，这些"大手笔"对于一个发展中的企业来说太过冒险，可章勇仍觉得值！

章勇在金蝶一直保持着几个"最"：从刚进金蝶时最年轻的员工，到最年轻的区域总经理，一直到集团最年轻的副总裁，甚至当初在评选上海 IT 新锐人物时候，他也是最年轻、最有朝气的一位。

爱拼才会赢，人只要坚定目标，奋力拼搏，就会向前发展。风光无限的事业都是努力而来的，有目标，肯拼搏，成功只是时间问题。

没有任何力量能阻挡你摆脱贫困

有些人生来就富贵显达，不用愁厅堂之事；有些人却生来穷困潦倒，生活捉襟见肘，于是很多人便抱怨上天不公平。其实，绝对的公平是没有的，有钱有权的人也可能一夜之间无钱无权，贫穷的人也可能通过努力打下一片灿烂的天地。其中，精神和信念的力量在人的努力中非常重要。

人生重要的是拥有一种正确的态度和信念，物质上的财富固然重要，但更可贵的是精神上的财富。物质的贫困并不可怕，真正可怕的是精神贫乏，那才是真正的"贫困"。精神贫乏意味着你失去了改变现状的勇气。积极向上的生活态度是一种无比珍贵的财富。

小王毕业后被分到了西部一座小城的居委会工作。在这个城市里，没有达到贫困标准线的贫困户年前可以获得居委会的一些帮助。小王与同事们背着大米与菜油等挨家挨户走访这些人家。这些人家家里普遍都很简陋，可是当他们循着地址推开又一户人家的家门时，小王觉得，他们一定是走错了。

相信自己确实能

这家窗明几净，有冰箱，有洗衣机，有漂亮的窗帘和门帘，有摆放得很整齐的书籍……这家的男主人几年前病逝，家里欠下了很多债。两个孩子中还有一个是残疾。女主人靠一份薪水养三口人，还要还债，经济状况可想而知。但女主人脸上始终挂着笑容，她说，冰箱、洗衣机都是领导把别人淘汰下来的送给她家的，用用也蛮好；孩子懂事，做完功课还帮她干家务……这时，小王才发现漂亮的门帘是用纸做的，那些书全是孩子每个学期用过的教科书，灶间的调味品只有油和盐两种，但油瓶和盐罐擦得发亮。最让小王肃然起敬的是进门时女主人递给他的拖鞋，那鞋底都已经磨秃了，但是女主人却用旧毛线在鞋帮上织出了好看的图案，穿着好看又暖和。他们在这家总共停留了十多分钟，小王渐渐看出了这一家确实贫困，但这家人却不甘于贫困、对生活充满斗志。小王深信他们会很快摆脱贫困，因为他们虽然物质上贫乏，但精神上决不萎靡。

人只要从颓丧的思想、不良的心态中转过身来，朝着光明的方向努力，有脱离贫困与低微的生存状态的决心，一定可以在改变自己生存状况的同时，促使社会飞速发展。

一位心理学教授曾遇到过一个"不幸"的青年，他是某大学的毕业生，身材很魁梧。但是他说，要不是他的父亲每星期给他钱，他一准儿挨饿。这个青年尝试过许多事情，但都宣告失败。他说，他不相信自己的能力，他从事任何一种职业时，都不认为自己可以成功。所以，他东奔西走，却仍是一事无成。这位教授认为，这个青年怀着不自信的态度，所以他无法走上生活的正轨。

很多人因为贫困而陷入自卑，而贫困状态又会使人的自卑感更加严重，这样就陷入了恶性循环。贫困不应该成为自卑的理由。那些成就大事业的人多是历经风雨后才见到美丽的彩虹的。

事实上，大部分贫穷者的问题，是他们没有建立起可以摆脱贫穷的自信，于是损害了他们的能力，影响了他们的前途。由于他们同贫穷妥协，认为贫穷是他们应有的命运，所以他们不再努力。贫穷的人往往心灰志短，失去奋斗的力量。他们不去通过自己的努力走出困境，摆脱贫穷。世间许多的贫穷，都是自卑造成的，都是不愿努力、不肯奋斗造成的。许多人总以为自己已尽了最大的努力同贫穷去斗争，但实际上，他们还没有开始奋斗，就已经被贫穷吓倒了！要想改变这种状态，除了恢复他们已经失去的自信心，赶走他们脑海中的悲观以外，实在别无他法！

自信与自立，是获得理想人生的基石。一个人为了获得理想的人生，首先要调整好心态，树立与"贫穷"、"困境"誓不两立、水火不容的思想。我们常能在那些虽然贫穷、虽然不幸却仍然努力奋斗的人身上发现这种品格，但是一个失去了勇气、失去了自信的人身上，却找不到这种品格。贫穷本身并不

相信自己确实能

可怕，可怕的是认为自己注定贫穷、注定老死于贫穷的这种信念！假使你觉得自己的前途无望，觉得周遭的一切都黑暗惨淡，那么你一定要立刻转过身来，面向阳光，将黑暗的阴影抛在背后。

在过去的 20 年里，娃哈哈应该是几乎每个中国人都掏钱买过的矿泉水。事实上，娃哈哈的产品已几乎覆盖中国的每一个乡镇。这个从校办企业起家的企业，如今在神州大地上的影响力绝不容人小觑。娃哈哈的成长是一个白手起家的故事，是一个勇敢拼搏的故事。故事的主角就是娃哈哈的领头人——宗庆后。

宗庆后出生于杭州，中学毕业后，为减轻家庭负担，身为长子的他主动来到条件艰苦的舟山盐场工作。一年后，他辗转到了绍兴。日复一日，年复一年，人生最美好的岁月在艰辛而单调的日子中悄然流逝。1979 年，在小学当教师的母亲退休后，宗庆后顶职回到了阔别多年的故乡杭州。由于文化程度低，他被安排在一所小学里当校工。直到 1987 年的一天，娃哈哈的前身——杭州市上城区校办企业经销部成立，一张小小的委任状陡然改变了这一切。42 岁的宗庆后带领两名退休老师，靠着 14 万元借款，靠代销人家的汽水、棒冰及文具纸张起家，开始了艰苦的创业历程。1988 年，他们开始为别人加工口服液。1989 年，他们成立了杭州娃哈哈营养食品厂，开发生产以中医食疗"药食同源"理论为指导思想、解决小孩子不愿吃饭问题的娃哈哈儿童营养口服液，靠着神奇的效果，靠着"喝了娃哈哈，吃饭就是香"的广告，产品一炮打响，走红全国。1990 年，创业只有三年的娃哈哈产值突破亿元大关，完成了初步原始积累，发生在小学校园里的经济奇迹开始引起社会的广泛关注。经过多年发展，2008 年，娃哈哈销售收入过百亿，成为贡献利税几十亿元的中国最大的食品饮料生产企业、全球第五大饮料生产企业。

"上天"绝无意叫任何人甘于贫穷。当你坚定意志，要一往无前地朝"成功"、"富裕"的目标前进时，世界上没有任何东西可以击垮你的这种决心。这种强大的信念，可以给予你无穷的力量。

人一定要有坚定的信心同贫穷作斗争。只要你有足够的信心，努力去争取，"富裕"和"成功"离你并不遥远！

只有采取行动，才能改变命运

　　人生沉浮，变幻难测。一个人从小学、初中、高中，再到大学、研究生、博士生，在人生的各个阶段都要面对很多挑战。每个人都会有不如意的时候，无论环境多么艰难困苦，只要你肯付出汗水，肯采取行动，你就定能收获成功。

　　李婷和李红是一对姐妹，由于家境贫寒，高中毕业后，两姐妹就出去找工作了。但很多公司看到她们这样的文凭，都拒绝了她们。两姐妹认清了自己学历低的现实，她们明白只有多学习科学文化知识，提高自己的技能水平，才会找到一份好工作，于是她们决定自学来改变自己的命运。由于家庭条件不好，她们没有多余的钱买书，就找以前的同学借；实在借不到的，就去书店看，她们经常在书店一待就是一整天。很多好心人得知她们努力学习的事后，给她们送来了不少书，这也给了她们继续学习的机会。就这样，通过不停地学习，不停地追求进步，李婷和李红两姐妹最终通过自学考入了大学，并完成了学业，找到了理想的工作。

　　苦难并不是财富，战胜苦难才是一笔珍贵的财富。我们无法选择我们的父母与家庭，但我们可以靠自己的努力，创造属于自己的晴空；我们可以通过自强不息的拼搏，去斩掉人生路上的荆棘，体会生活中的美。

　　一个人不必为自己没有进入理想的学校，或者有过某些过错与损失而悲伤不止，而是应该更加努力地去改变现状。面对不如意的生活，叹息是没有用的。你唯一可做的是轻松坦然地接受它，并更加努力地做好你该做的事。这样，你才能够扭转不利的局面，进而获得理想的人生。下面这些名人的经历有力地向我们证明了这一点：

　　高中毕业后，猫王靠开卡车为生，生活十分窘迫。1953 年，为了送一份生日礼物给母亲，他用开车攒下的钱在孟菲斯市的一个录音棚里录制了一盒自唱自弹的磁带。机缘巧合，录音棚的老板山姆·菲利浦斯听到他的歌声，被这个卡车司机独特的演唱风格和对音乐的执着深深打动了。山姆立即跟猫王签约，请他加入自己的太阳唱片公司。

　　玛丽莲·梦露，原名诺玛·吉恩·默顿森，出生在美国洛杉矶。高中毕业后，梦露一直没有找到理想的工作，只能在一家军工厂的流水线车间上班。后来，她被一个陆军摄影师注意到了，摄影师请她为几幅宣传画做模特。不久，一家模特中介公司与梦露签约，并送她进表演班学习。她努力地学习表演艺术，由

相信自己确实能

于天赋异秉， 1946 年，她正式加入 20 世纪福克斯电影公司，从此走红。

麦当娜于 1958 年出生在密歇根州，高中毕业后进入密歇根大学，并获得舞蹈系的奖学金。但她两年后辍学，前往纽约寻求发展。成名之前，她在油炸圈饼店里当售货员，还当过清洁工和衣帽间的侍者。

肖恩·康纳利，1930 年出生于苏格兰的爱丁堡，做过泥瓦匠、游泳馆的救生员等。1950 年，他在"世界先生"健美赛上获得季军后，开始在电影里饰演一些小角色，由于收入较少，他不得不依靠给棺材刷油漆和上光来维持生活。后来因为出演《诺博士》中的詹姆斯·邦德 (007) 一炮打响。康纳利共主演过 6 部 007 系列片和很多其他脍炙人口的影片，并获得第 60 届奥斯卡最佳男配角奖。

如果你现在的生活环境不是你梦寐以求的理想环境，不要悲观，因为很多成功人士都曾有过与你相似的境遇。最重要的不是我们现在在什么地方、拥有什么样的条件，而是我们正在朝着光明的方向迈进，正在付出努力！

奥格斯特·史格勒说："在真实的生命里，每桩事业都由信心开始，并由信心跨出第一步。"人只有拥有"一次比一次做得好"的自信，并付出足够的努力，才能不断进取，才能蒸蒸日上。

一位昔日的跨栏冠军做了推销员，但在这个领域里，他从来没能跑在前头。在一次校友聚会上，大家边走边聊，来到了田径场。有人想看看他是否宝刀未老。于是，他借了一双运动鞋便来到了跨栏前。起跑后，他一边跨栏，一边想着过去如何身轻如燕。不料他滑了一跤，摔断了腿。在养伤期间，他认真地反思了自己的生活。他回想起当初之所以成为冠军，是因为不断地训练，战胜各种困难。他记得，在学生时代，自己是那么自信！当怀着勇气和自信越过跨栏向着目标奔跑时，他特别有信心。他突然意识到，自己完全没有理由成不了一个推销冠军。他反问自己：为什么不能越过生活中的"高栏"？为什么不能跳过工作中的障碍？为什么不能干得更好些？他明白了，是恐惧和缺乏信心使他无法成为冠军。待身体康复后，他带着新的心态，并用跨栏时的信心和勇气开展销售业务，训练自己如何与客户打交道，克服遇到的障碍。一年以后，他果然成了一名优秀的推销员。

很多人在失败之后总会这样安慰自己："我已经尽力了，没有成功是命运，一切都是偶然。"这些人或许应该反问一下自己："我真的尽了全力吗？是真的竭尽全力都没法获得成功吗？"或许大部分人这样反问的时候都没有十足的底气说自己已经完全尽了力。其实，绝大部分的失败都是由于努力还不够，只是我们没有发现或者是没有积极主动地去寻找自己还做得不够的地方。

相信自己确实能

一代枭雄项羽可谓是英雄盖世，然而最终却落得个乌江自刎的结局，即使到了最后他也不承认自己所犯的错误，而是一再地仰天长叹"天要亡我，非战之过也"。从我们今天的眼光来看，项羽在楚汉之争中所犯的很多错误都是显而易见的。然而，正是这种自认为已经尽力了的心态，最后使得项羽兵败自杀。

做事一定要全力以赴，用必胜的心态去扫清一切障碍，用必胜的心态去更好地发挥你的潜能。只有全力以赴，才能自我超越，获得理想的生活。在任何时候，一旦你认定一件事情值得去做，就一定要全力以赴地去做，尽全力把它做到最好，不要给自己留下遗憾。

俞敏洪参加了三次高考才挤进大学，在学校里他一直都是沉默寡言的人。然而正是这个看起来资质平平的农村孩子，却最终创立了他的教育帝国——新东方语言学校。

俞敏洪本人并非是一个考试天才：自 1978 年恢复高考，他就开始参加高考，直到第三年，他才踏进北京大学英语系的门；1989 年，他考完托福和 GRE，联系了三年国外大学均未成功，最后还是留在了国内。

这个总是遭遇"考试之神"嘲弄的人，这个总和失望不期而遇的人，在愤怒中和考试较上了劲。他说："未来属于那些坚信自己的美好梦想能够成真的人。"他从自己的痛苦中看到了想凭考试奋斗成功的人的痛苦，他从这些人的痛苦中看到了市场，看到了商机。他教授想出国的人考试的技巧，从他们那里得到学费，就这样制造了一个巨大的考试蛋糕，并且将它越做越大。

俞敏洪讲得最多的是自己的信念——天助自助者！俞敏洪的遭遇和他的信念后来成了新东方的特质，俞敏洪自己的人生格言也变成了新东方的校训——艰苦奋斗，奋发进取，人生终将辉煌。这种奋斗精神后来成为新东方吸引那些在无涯的考试之海中苦作舟的人的一个重要原因。

面对暂时的不如意，你应该做的也许只是多付出一份努力和耐心。让你自己专注于一项任务，坚持做下去，成功就在眼前。

自强不息，为了生命而奔跑

在非洲草原上常常上演着这么一幕动人的故事：

早晨，当曙光刚刚照亮非洲大草原的时候，羚羊一睁开眼睛就开始练习奔跑，它们踩着露珠，让自己敏捷的身躯和草原上的阳光赛跑。阳光和晨风被它们追逐着，它们的四蹄把风和阳光远远地甩在自己的身后。

也是在早晨，当草原上射出第一道阳光的时候，狮子也纷纷从草丛中跃起，在茫茫的大草原上练习飞跑。它们不追逐阳光和风，它们只梦想自己能跑过那些最矫捷的羚羊，然后在饥饿的时候，可以追上那些奔跑速度如风一般的羚羊群。

每当朝阳升起的时候，也是羚羊最危险的时候。这时，沉睡了一夜的非洲雄狮早已饿得饥肠辘辘了。为了填饱肚子，雄狮在大草原上四处逡巡，寻找那些敏捷的羚羊群。发现羚羊群后，它们靠着草丛的掩护一点一点靠上去，然后选准个头小的雏羚羊或是神态老迈的老羚羊，一个箭步跃出去。在雄狮的追逐下，羚羊群很快飞跑了起来，但无论它们奔跑得多么快，总有一两只羚羊会被雄狮扑倒，雄狮锋利的牙齿一下子深深咬进它们的喉咙。

但在中午，情况就很不一样了，那些吃饱喝足的雄狮懒洋洋地半闭着眼躺在树荫下，刚刚饱餐了一顿，它们对身旁不远处的羚羊已经没有了太大的兴趣。能捕到一只，自己可以吃得更饱一些，假如捕不到猎物，那也没什么，它们的体力足以支撑到第二天早上。因此，对于那些近在咫尺的羚羊，它们也只是象征性地追逐一番，往往捕不到就草草收场。

科学家们感慨地说："早晨的雄狮是在为自己的生命奔跑，所以很容易捕到猎物。而到了中午，已经吃饱喝足的雄狮仅是为了自己能吃得更饱而奔跑，严格来说，仅是为了自己生活得更好而奔跑，所以常常是无功而返。"

为食物而奔跑，雄狮常常一无所获；为生命而奔跑，雄狮却往往无一落空。同是奔跑，目的不同，得到的收获也大不相同。

同样，为温饱和财富奔跑，我们的人生可能会终无所获；为生命奔跑，我们的人生才可能硕果累累。

人应该为只有一次的生命而努力奔跑。人生的道路曲折坎坷，在人生的旅程中，我们不仅要面临顺境，还要面临逆境。我们需要挑战困难，用微笑面对困难。困难像是一块试金石，让我们经受磨炼，学会自立自强。虽然自强者未必都能成功，但"不自强而大成者，天下未之有也"。

相信自己确实能

自强不息是一种奋发向上的精神面貌，是一种不怕困难、勇往直前的精神。俗话说："明知山有虎，偏向虎山行。"逆境是激发斗志的催化剂，是促人上进的原动力。直面苦难、迎难而上，是成功的关键。自强不息的人，不会好高骛远，而是认真勤奋，磨炼心性，不畏困难，不懈奋斗。

成就大事之人，都是自强不息的人。一个人只有自强不息，才能坚忍不拔，才能不畏困难与挫折，才能志存高远。一个人只有具备自强不息的品格，才能成为有所作为的人，才能立足于社会，才能改变命运。

爱得莱德中学毕业后，因交不起学费而被迫辍学。回到家乡，他一面帮父亲干活，一面继续顽强地读书自学。不久，爱得莱德身染伤寒，病势垂危。他在床上躺了半年，痊愈后却留下了终身的残疾——左腿的关节变形，左腿瘸了。当时他只有19岁，在那迷茫、困惑而近乎绝望的日子里，他想起了很多自强不息的名人故事。"他们尚能身残志不残，我只有19岁，更没理由自暴自弃，我要用健全的头脑代替不健全的双腿！"爱得莱德就这样顽强地和命运抗争。白天，他拖着病腿，忍着关节剧烈的疼痛，挂着拐杖一颠一颠地干活。晚上，他自学到深夜。终于有一天，他的论文在一本较为著名的杂志上发表了，这篇论文惊动了哈佛大学的教授。后来，哈佛大学聘请爱得莱德当了助理员。在名家云集的哈佛大学校园内，爱得莱德一边做助理员的工作，一边在学院旁听，还用四年时间自学了很多国家的语言，并发表了十篇论文。到 25 岁时，爱得莱德已经是蜚声国际的青年学者了。

可见，在遇到困难和挫折时，能够奋发向上、自强不息的人才能征服挫折和失败，并在挫折与失败中获得成功。只有自强不息，才能改变命运。

英国杰出科学家霍金一生中经历的挫折数不胜数，命运对霍金是非常残酷的，但霍金凭借顽强的毅力最终战胜了挫折。21 岁时，年轻的霍金患上了罕见的会使肌肉萎缩的卢伽雷氏症，医生说他最多只能活两三年。面对挫折，如果他对命运说"算了，反正只能活一年了"，也许他就这样死去。但是他没有自暴自弃。面对疾病，他顽强地与疾病做着斗争。病情一天天加重，霍金站不住了，坐上了轮椅；后来他的十个手指中只有两个能动。1984 年，他说话已经相当困难，话都说不清楚，说一句话要好长时间。1985 年他又得了肺炎，开刀过后他再也不能说话。后来人们在他的轮椅上安装了一体电脑和语音合成器，他用手指敲出想说的字，语音合成器则发出声音来。两年过去了，十年过去了，30 年也过去了，转眼间，时间已经过去了 40 年，霍金依然坚强地活着，而且发表了科学著作——《时间简史——从大爆炸到黑洞》，这本书的发行量达到 1000 万册，他也因此而家喻户晓。医生称这是医学史上的奇迹。

相信自己确实能

霍金之所以能创造这样的奇迹，靠的正是他的毅力，他的不断进取，他面对挫折时不退缩的勇气和自强不息的精神。

人类社会自产生以来就无时无刻不存在着竞争。当代社会更是离不开竞争。随着社会的发展进步，竞争更加频繁和激烈。在人生历程中，竞争是无法避免的，人要生存就必须面对竞争。我们如果想在社会上立足，想要比别人更加出色，就必须保持自强不息的进取心，时刻让自己处于最佳的状态，时刻准备在残酷的竞争中求得生存和发展。

要想在竞争中立于不败之地，就必须有自强不息的信念。那么，我们应如何培养自己自强不息的信念呢？

首先，要树立坚定的理想。理想是自强的航标，是人生成功的蓝图和基石，是人生奋进的路标和动力。有了理想，生活就有了方向。其次，要战胜自我。人都是有缺点的，但缺点是可以改正的。我们要勇于战胜自我，这是自强的关键。第三，要懂得发掘自己的长处和兴趣爱好。找到自己的长处和兴趣爱好，就很容易确定自己的努力方向，主动性就会得到充分的发挥。

一个人的心胸有多大，舞台就有多大。进取心和想象力是成功的起点，也是最重要的心理资源。目光高远，时刻想着提高和进步，是成功者最重要的习惯。让自强不息的精神伴随我们前进吧！永不退缩，你终将成为人生道路上的强者。

永远别说“我不行”

第二章

突破"藩篱"，敢于挑战"权威"

人们喜欢把在某一方面有较深研究或做出杰出贡献的人叫作权威。人类社会维护权威的观念根深蒂固。挑战权威往往被认作叛逆，维护权威则往往被认作忠诚。权威的意识一旦在人们的头脑中形成之后，人们就开始对其顶礼膜拜，把权威说的话当作神圣不可侵犯的信条，即使权威说错了，人们不敢也不会用怀疑的目光审视他。

有些人对探索新的未知领域有潜在的恐惧感。他们认为，这种探索即使成功了，也是"不值得的成功"，因为除了要付出辛苦的努力，承受的心理压力也极大。他们常常还没行动，就认为自己必定会失败。其实，这是非常错误的看法。任何人都有挑战权威、探索新的未知领域的权利。

在日常生活中，有些人总是保持旧思维，坚守老观念，不去主动接受新事物。他们常抱怨自己脑子笨，其实，这是思维上的惰性。一个人只有创新求变，摒弃因循守旧，才会真正成功！很多敢于怀疑、敢于向权威挑战的人，他们在怀疑和挑战中找

相信自己确实能

到了权威的错误，提出了自己的见解，从而获得了成功。勇于冒险才能求胜。在冒险的过程中，你能使平淡的生活变得激动人心。这种经历会不断地向你提出挑战，不断地给予你奖赏，使你充满活力。

哥白尼的天体运动论、卢瑟福的原子结构模型、新大陆的发现……皆始于敢于突破的科学冒险精神。人类历史上的一系列发现和创造、社会变革，皆始于敢于承担失败的冒险。探索新的未知领域，无非会产生两种结果：成功或失败。如果获得成功，我们可以得到提升，这显然是一种成长；就算失败了，我们也可以弄清楚错在哪里，避免以后再犯同样的错误，这也是一种成长。

布鲁诺是意大利文艺复兴时期伟大的思想家、自然科学家、哲学家和文学家。他是一个诚实正直的学者，为了捍卫自己的学说，献出了宝贵的生命。

1548 年，布鲁诺出生在意大利那不勒斯附近诺拉城一个没落的小贵族家庭。11 岁时，父母将他送到了那不勒斯的一所私立人文主义学校就读。后来，布鲁诺进入了多米尼克僧团的修道院，第二年转为正式僧侣。

十年后，布鲁诺获得了神学博士学位。他阅读了不少"禁书"，其中对他影响最大的是哥白尼的学说。他被哥白尼的"日心说"所吸引，对自然科学产生了浓厚的兴趣，逐渐对宗教神学产生了怀疑。布鲁诺的言行触怒了教廷，他被革除教籍。但布鲁诺依然坚持自己的观点，毫不动摇。为了逃避审判，他离开了修道院，逃往罗马，后又转移到威尼斯。后来他又越过海拔 4 000 米的阿尔卑斯山流亡瑞士。

此后，布鲁诺又到过法国、德国和英国。虽然多次被捕，但他仍然继续宣传自己的宇宙观，写下了十来部批判教会的书。布鲁诺在欧洲广泛宣传他的新宇宙观，引起了罗马宗教裁判所的恐惧。1592 年，罗马教徒逮捕了他。教会许诺："只要你公开宣布放弃日心说，就免你一死，并且给你足够的生活费安度晚年。"布鲁诺说："你们不要白费力气了，我是不会为了讨好罗马教皇而说谎的。"监禁八年后，布鲁诺被处以火刑，行刑地点是罗马的鲜花广场。

1600 年 2 月 17 日凌晨，通往鲜花广场的街道上站满了人。布鲁诺被绑在广场中央的火刑柱上，他向围观的人们庄严地宣布："黑暗即将过去，黎明即将来临，真理终将战胜邪恶！"刽子手用木塞堵上他的嘴，然后点燃了烈火。布鲁诺在熊熊烈火中英勇牺牲。

后来，随着科学的发展，布鲁诺的学说被证明是正确的。1889 年 6 月 9 日，在布鲁诺殉难的鲜花广场上，人们为纪念这位诚实勇敢的伟大思想家，为他树立了一尊铜像，永远纪念他的功绩。

相信自己确实能

人要质疑权威确实很难，很少有人会有这样的勇气，但是为了真理，我们必须敢于质疑，敢于挑战权威，因为真理永远都是值得去追求的。

如今提倡创新精神，挑战权威就是创新精神的一种体现。不挑战权威，如何创新？只有挑战权威，才能超越权威。超越权威的部分，就是创新的成果。永远跟在权威的后面，永远在权威的"羽翼"下过日子，不敢挑战权威，不敢超越权威，就永远也不可能创新。挑战权威，不是对权威不尊敬，而是发展与进步的必须。

德国数学家须外卡尔特在研究中，质疑欧几里得的《几何原理》中的一条定理：三角形内角和等于180度。两千多年来，人们一直认为这是天经地义、放之四海而皆准的定理，科学家对这一定理更是深信不疑。但是须外卡尔特的这一质疑推动了数学的一次突变。德国数学家黎曼从须外卡尔特的思路中得到启发，使非欧几何破土而出。黎曼指出，欧几里得的几何并不是在所有空间都适用，例如在地球面上，三角形的内角和就大于180度。

我们必须认识到，任何人都有局限性，权威们也不例外。他们的经验也只是他们在实践活动中取得的感性认识的初步概括和总结，有时候并不能反映出事物发展的本质和规律。因此，我们必须学会向权威挑战，在质疑中鉴别经验。

挑战权威，说起来容易做起来很难，不仅需要胆略、自信，还需要功夫和毅力，这必须靠真才实学。

1883 年，富有创造精神的工程师约翰·罗布林雄心勃勃地想建造一座横跨曼哈顿和布鲁克林的大桥，然而桥梁专家们却劝他说这个计划纯属天方夜谭，不如趁早放弃。罗布林的儿子华盛顿·罗布林——一个很有前途的工程师，也确信这座大桥可以建成。父子俩克服了种种困难，在构思建桥方案的同时，也说服了银行家们投资该项目。

然而大桥开工仅几个月，施工现场就发生了灾难性的事故。父亲约翰·罗布林在事故中不幸身亡，华盛顿·罗布林的大脑也严重受伤。许多人都以为这项工程会因此而泡汤，因为只有罗布林父子才知道如何把这座大桥建成。

尽管华盛顿·罗布林丧失了活动和说话的能力，但他的思维还同以往一样活跃，他决心要把费了他和父亲很多心血的大桥建成。一天，他想出一种能与别人交流的方式，就是用他唯一能动的一根手指和别人交流。他用那根手指敲击他妻子的手臂，通过这种方式，由妻子把他的设计意思转达给仍在建桥的工程师们。整整 13 年，华盛顿就这样用一根手指指挥整个工程，直到雄伟壮观的布鲁克林大桥最终落成。

一根手指就可以指挥建造一座大桥，华盛顿·布罗林靠的是什么？靠的就是顽强的毅力，虽然他在人生的路上跌倒了，

相信自己确实能

并且跌得很重，但是他"站起来"了，成了生命的"巨人"。

在突破藩篱、挑战权威的过程中，挫折会给我们带来精神上或肉体上的痛苦，使我们遭受打击，让我们的学习之路变得曲折和艰难。但是挫折也能磨炼我们的意志，激发我们的潜能，使我们变得勇敢，变得坚强。如果我们能化挫折为力量，那么，挫折就成了一笔财富。只要你能够拥有顽强的毅力，用不屈的心态去面对挫折，你定能够取得辉煌的成就。

如果你永远趴着，
谁也不能把你变成"巨人"

想成功的人很多，但有的人成功了，有的人却没有。人人都渴望成功，那么，成功的秘诀是什么呢？

爱迪生说："没有失败，只有离成功更近一点。"著名的黑人领袖马丁·路德·金说："这个世界上，没有人能够使你倒下。如果你自己的信念还站立着的话。"人生的道路不可能一帆风顺，多多少少会有一些坎坷。面对坎坷，勇敢的人迎难而上，百折不挠，一直坚持下去；懦弱的人却退避三舍，避重就轻，怕苦畏难，选择放弃。坚持者学业有成、人生辉煌；放弃者则一事无成、平庸无为。

诺贝尔在努力寻找硝化甘油爆炸的引爆物的过程中，经历了许多次失败，他的父亲和哥哥都嘲笑他固执。但他不急躁，不灰心，耐心地分析失败的原因。经过锲而不舍的反复试验和细致分析，诺贝尔终于发现了用少量的一般火药导致硝化甘油爆炸的方法，由此他第一次获得了瑞典专利权。

相信自己确实能

一年秋天，诺贝尔开始用雷酸汞引爆剂，失败了几百次。成功的那一天，"轰"的一声巨响，诺贝尔的实验室被"送"上天，他自己也被炸得鲜血淋漓。以鲜血为代价，诺贝尔获得了成功，由此，他发明了雷管。

更可怕的事情发生在斯德哥尔摩的诺贝尔住宅附近的实验室。那次，硝化甘油爆炸事故使从事实验的五个人死于非命，诺贝尔当时不在实验室，幸免于难。这次事故使他极为悲痛，对他的毅力和理智都是一次严峻的考验。许多人开始对他的研究进行责难，连亲人也劝他放弃这项危险的实验，但诺贝尔不愿半途而废，他决心完成硝化甘油在爆破工程上实际应用的研究，使炸药能更好地为人类造福。在他的不懈努力下，硝化甘油终于可以应用于实际，诺贝尔也因此取得了又一重大成就。

诺贝尔历经千难万险仍坚持研究，终成一代科学伟人。试想，诺贝尔若在困难面前退缩了，就不会研制出对人类生活产生巨大影响的安全炸药。可见，战胜了困难，人生就会向前迈进一大步；若被困难吓倒了，退缩了，则将一事无成。

一个韩国留学生到哈佛大学主修心理学。闲暇的时候，他经常到学校的咖啡厅或者茶座参加一些成功人士举办的聊天会。听多了成功人士的故事，这个韩国留学生忽然发现了一个现象，那就是他被国内一些成功人士欺骗了。在他看来，国内的那些人为了让正在创业的人知难而退，普遍把自己的创业艰辛夸大了。于是，这个留学生开始对韩国成功人士的心态进行研究。后来，他把《成功并不像你想象的那么难》作为毕业论文，提交给了他的导师。导师读了他的论文后，大为惊喜，导师认为这种现象虽然在东方甚至在世界各地普遍存在，但此前还没有一个人大胆地提出来并加以研究。这篇论文发表后，鼓舞了许多人，因为它从一个全新的角度告诉人们：只要你对某一项事业感兴趣，努力付出并坚持下去，你就一定会成功。这个留学生最后也成了韩国一家著名公司的总裁。

失败并不可怕，因为它只是暂时的。成功贵在坚持不懈，贵在矢志不渝。只要你勇于承受失败，在失败中总结经验与教训，成功就一定属于你。

美国明尼苏达州柴油公司的赛德里亚分厂在创办初期很不景气，产品质量不稳定，机器利用率低，员工缺勤现象严重，且工伤事故经常发生，各种内忧外患使其几近破产。厂长史密斯焦急万分，找来各方面的专家研究分析工厂经营不佳的原因。结果发现，其症结在于实行的多层次领导管理体系。在这种管理体系下，领导与职工之间及各领导之间缺乏沟通，领导们各自为政，致使管理混乱，经营不景气。

于是，史密斯对症下药，实行了一套新型的管理方案，重新设计工作，改善劳动环境。全厂从经理到操作工全部编成以20人为一个单位、有一定"自治权"的制造小组。每个小组都

相信自己确实能

要学会"料理家务",从事一系列的所谓"垂直性工作",如清点存货、采购原料、记录生产费用、检验进货、登记考勤和工作表现、编制预算、监督安全措施等。他给予每个组以较大的自主权,使它们有权自行招雇新工人、辞退不称职的组员。方案实施后,很快取得了成效,不仅使赛德里亚分厂获得了新生,而且分厂很快成为总公司的明星分厂,史密斯本人也因在赛德里亚的成绩被调往总部担任副总经理。

试想,假如史密斯当时在挫折面前一蹶不振,等待他的将是又一次失败。可见,如果你永远趴着,谁也不可能把你造就成一名巨人。

著名的心理学家威廉·詹姆斯指出,面对挫折,要使一个人持续不断地努力,确实很困难。他说,人通常经过短暂的努力之后会感到很疲倦,然后会想放弃,半途而废。但是,只要多努力一点,人就可以获取克服疲乏的能量。就像汽车的加速器一样,只要油箱有汽油,用力踩发动机便会产生巨大的冲力,汽车就会高速行驶。

玛丽·劳伦斯在她丈夫去世后的五年里,对生活几乎丧失了信心。一天夜里,玛丽遭遇了交通事故。当警察和救护车赶到时,玛丽已经一动不动。发现她的救护人员说了这样一句话:"先救其他人吧,她已经死了。"

据玛丽后来描述,当时,她潜意识里已经有了"活下去"

的念头，在昏迷状态下，她经受着考验——这是接下来的许多个考验中的第一个。

在救护车上，一位救护人员发现玛丽脉搏微弱。但有一点是确定的，她的心还不愿死。在医院里，医生为她检查时，认为她的面部和头部受到严重伤害，对她能活过当天晚上不抱任何希望。但他们不曾意识到，玛丽潜意识里活下去的念头是那么强烈，她的精神丝毫没有受到伤害。

日子一天天过去，玛丽变得越来越强大——这种强大难以描述，但事实就是这样。她知道自己最大的问题是什么，她将一点一滴的力气都用来维持自己的生命。尽管她明知即使能活下来，在旁人眼里，自己也不过像个植物人一样，因为她的大脑已严重受损。

她的面颊骨和下巴一连数月被固定着，因此她只能吃流质食物。医生告诉她，若要进一步恢复，他们将对她的面部进行两次大的整容手术，而且手术过程中不能使用麻醉剂。玛丽的问答是："那就开始吧。"在那漫长的几个小时里，玛丽忍受着极大的痛苦，凭着顽强的毅力，她度过了生命中最痛苦的时刻。在接下来几个月漫长而又痛苦的恢复中，当最基本的事情对她而言都是那么艰难时，玛丽的座右铭是："我行。"

一年后当玛丽出院时，她才完全明白自己的生活发生了天翻地覆的变化。她熟悉的人已认不出她那张脸，有人干脆走开，

相信自己确实能

不愿看到她。最让玛丽震惊的是，她失去了记忆，她再也不能支配自己记住名字或是进行思维。后来，她去考房地产执业资格证，考试需要背很多东西，一页书玛丽得看上 50 遍、60 遍，甚至 70 遍。最终玛丽成功了，她不仅通过了考试，而且是首战告捷。

想要实现人生的目标，一定会遇到许多困难，此时我们绝不能退缩，而是要以勇往直前的态度迎接挑战，勇敢地面对逆境，永不服输，永不放弃！不管你跌倒多少次，只要能爬起来，你就不会被击垮。

所以，如果你对目标矢志不移，你就会采取积极的态度和积极的行动克服困难、解决困难，最后战胜困难、走向成功。如果你采取消极的态度，被挫折打倒，不好好找出方法解决困难，你就无法达到理想的目的地。一步一步慢慢往前走吧，努力坚持下去，你终将获得成功。

扬长避短，变劣势为优势

你可能听说过美国女作家海伦·凯勒的故事。海伦·凯勒从小又聋又盲，然而，她却出人意料地用非凡的毅力，使自己成为杰出的教育家和著名作家，令世人刮目相看。

我们国家也出了两位"海伦·凯勒"，一个叫周婷婷，是个聋人；一个叫王峥，是个视障者。一个偶然的机会，她们相遇、相知，组成了"你有困难吗？我来帮助你"的"海伦·凯勒联合舰队"。

周婷婷和王峥一个处在无声的世界，一个处在无光的世界，然而谁也没想到，两个不完整的世界结合起来竟会碰撞出光彩夺目的生命火花。周婷婷听不清看得清，她不为自己耳聋而悲伤，却为自己眼明而自豪，她做了王峥的"眼睛"；王峥看不清听得清，她不为自己视障而悲伤，却为自己耳灵而自豪，她做了周婷婷的"耳朵"。就这样，你帮我看，我帮你听，"海伦·凯勒联合舰队"扬帆远航了！她俩的故事后来被拍成电影，片名叫《不能没有你》。片中，她俩饰演的角色获得了很大成功。

相信自己确实能

这个感人的事例充分显示了扬长避短、相互帮助的强大力量!

孔子曰:"三人行,必有我师焉。择其善者而从之,其不善者而改之。"意思就是,每个人在学习和生活中都有突出和不足的地方,因此要找到自己不足的地方,向别人学习,不断改正。与此同时,还要不断发挥自己的优势。所以,不要为了自己的劣势而苦恼。没有人尽善尽美,只要有自信,你就可以发挥出自己的特长,走出一条属于自己的人生之路。要学会扬长避短,在合作中取长补短,在互利互助中发挥集体的力量,达到双赢。

艾比盖·希伯来特别喜欢体育。他擅长打羽毛球,不擅长打篮球。但是看见同班同学差不多都在打篮球,艾比盖·希伯来就随大流去打篮球,结果因为技术不高,时不时被同学取笑。他也曾几次想努力把技术提高,追上别人,可无论怎样努力,仍是没有多大提高。一年以后,在一节体育课上,他无意中听到了体育老师的一句话:在篮球上,没有这方面天赋的话,是怎样努力也做不出成绩来的。听到老师这句话后,他对篮球彻底失望了,之后的体育课上,他再没有去打篮球。他开始邀请他的好朋友们去打羽毛球。在羽毛球场上,他特别自信,也经常获胜。有一天,学校开展篮球比赛和羽毛球比赛。大家推荐他去参加羽毛球比赛。他接受了。在比赛中,艾比盖·希伯来一路过关斩将,获得了冠军。当他站在领奖台上时,台下响起了一阵热烈的掌声。

扬长避短可以使我们能充分发挥自己的特长，并以此获得更多的成就感，取得更大的进步。

其实，每个人都是一座金矿，关键是你如何去挖掘自己的潜力。如果你坚信自己是块宝石，那么你就是一块宝石；如果你坚信自己能成功，那你就一定能成功。

去 NBA 打球，几乎是所有爱打篮球的美国少年的梦想。但当年幼的博格斯向同伴说出"我长大后要去打 NBA"这句话时，同伴无不捧腹大笑，还有一个同伴笑得跌倒在地。因为博格斯长得太矮了，他的个头只有 160 厘米。

博格斯没有因为同伴的嘲笑而放弃努力，他热爱篮球，下定决心要打进 NBA。他天天和同伴奔跑在篮球场上，其他人回家后他还在练球；别的孩子都去享受夏日的凉爽，他却依然在篮球场上挥汗如雨，他在篮球场上花了比别人多几倍的时间。他深知像他这样的身高，要想进入 NBA 必须要有过人之处，于是他充分利用自己矮小的优势：行动灵活迅速，运球的重心最低，不会失误，个子小不引人注意。

1987 年自维克森林大学毕业后，博格斯被华盛顿子弹队（现奇才队）在第一轮第 12 顺位选中，第二年他去了黄蜂队，成为黄蜂队初创时的"五虎"之一。由于助攻好，他很快成为黄蜂队后场的重要力量。在 1996~1997 年赛季，他在黄蜂队以场

相信自己确实能

均72次助攻,共5557次助攻,成为球队的助攻王,抢断1067次成为球队的抢断王,得分列第三,共5531分,其中助攻排在全联盟的第14位。1999~2000年赛季在猛龙队时,他以507的得分失误比(299次助攻、59次失误)排名全联盟的首位。他在NBA效力长达14个赛季,最后在小牛退役。在巨人如林的NBA中,只有160厘米的博格斯绝对是一个"异类",是NBA有史以来创纪录的"矮子",但他又是NBA表现最杰出、失误最少的后卫之一,他不仅控球一流,远投精确,甚至在巨人阵中带球上篮也毫无畏惧。博格斯凭借自己超人的篮球才能,闯出了一片天空,他由此也成为联盟中的一个传奇。

对于自己能够进入NBA这个"巨人国"里打球,博格斯曾这样解释说:"说实话,我相信自己的实力,NBA并不是只有七英尺的大汉才能进入,因为我能投篮、助攻、抢断,当发动快攻时,一些大个子不如我跑得快。"

身高只有160厘米的博格斯居然打进了NBA,还打得有板有眼,出神入化,成为最优秀的球员之一。博格斯凭的是什么?凭的就是他那份自信,以及由此而激发出来的顽强毅力。他清楚地看到矮小的自己也有打球的优势,也有闪光的一面。因此他没有放弃自己的理想,他战胜种种难以想象的困难,跨越各种他人看来不可逾越的障碍,一步一步走向事业的顶峰。

千里马常有,伯乐难寻。适当的时候,你要学会做自己的

"伯乐"，认识自己，发现自己闪光的一面。生命的价值取决于我们自身。一些看似劣势的地方，只要你懂得转变它、利用它，它就会成为你的优势。

一位农夫有两只水桶，他每天用一根扁担挑着这两只水桶去河边打水。

两只水桶中有一只有一道裂缝，因此，每次到家时，有裂缝的这只水桶总是会漏得只剩下半桶水，而另一只水桶里的水总是满满的。就这样，两年以来，日复一日，农夫天天只能从河里挑回家一桶半水。

完整无缺的水桶很为自己的完美无缺而得意，而有裂缝的水桶自然为自己的缺陷和不能胜任工作而羞愧。一天在河边，有裂缝的水桶终于鼓起勇气向主人开了口："我觉得很惭愧，因为我这边有裂缝，一路上漏水，让你只能担半桶水到家。"

农夫回答说："你注意到了吗？在你那一侧的路沿上开满了花，而另外的一侧却没有花？我从一开始就知道你漏水，于是在你那一侧的路沿上撒了花籽。我们每天担水回家的路上，你就给它们浇水。两年了，我经常从这路边采摘些鲜花来装扮我的餐桌。如果不是因为你的所谓的缺陷，我怎么会有美丽的鲜花装扮我的家呢？"

人无完人。我们每个人都好比那只有裂缝的水桶，都有这样或那样的不足和缺点。但我们大可不必为此愁眉不展，我们

相信自己确实能

要做的是换一个角度看待劣势，想办法将其"变废为宝"，使之化为优势。

伟大的科学家爱因斯坦小时候不太活泼，三岁多时他还不会讲话，父母很担心他是哑巴，曾带他去医院检查。还好小爱因斯坦不是哑巴，可是直到九岁时，他讲话还不很流畅，讲每一句话都必须经过吃力而认真的思考。爱因斯坦在念小学和中学时，功课平常。由于他行动缓慢，不爱同人交往，老师和同学都不喜欢他。教他希腊文和拉丁文的老师对他更是厌恶，曾经公开骂他："爱因斯坦，你长大后肯定不会成器。"因为怕他在课堂上会影响其他学生，老师竟想把他赶出校门。但爱因斯坦对数学、几何和物理有着浓厚的兴趣，他凭借着这方面的优势，最终成为伟大的物理学家。

世界知名的心理学家克里夫顿说：判断一个人是不是成功，最主要的是看他是否最大限度地发挥了自己的优势。我们每一个人都应该知道自己的优势是什么，之后要做的是将自己的生活、工作和事业发展都建立在这个优势之上，这样方能成功。

每个人都有长处，也都有短处，不可能十全十美。做任何事情都不要一味效仿别人。尺有所短，寸有所长，每个人的优势不同，别人能完成的，你未必能做好；你能做的，别人也未必会。试着去发现自己闪光的地方吧，好好利用，你的人生从此将与众不同！

采取更主动的态度，对自己的未来负责

你是否一边苦苦渴望成功，一边又觉得成功遥不可及呢？你是否越是对那些优秀人士顶礼膜拜，越觉得自己一无是处呢？你是否厌倦了整日默默无闻地为工作忙碌，过着奔波的平庸生活呢？如果是的话，那就赶快行动起来，用踏实的努力来创造崭新的生活。

过分的依赖只能让我们逐渐丧失生存的能力，所以面对困难时，我们首先想到的应该是自己解决，而不是依靠他人。最终我们得学会独自闯荡，独自面对这个纷繁复杂的社会。为了能够很好地适应社会，我们应赶紧行动起来，在社会上经历风雨的洗礼。只有拥有了独立解决问题的能力，我们才不会在面对困难时感到彷徨无助，我们才有可能一路披荆斩棘，进入成功的"圣殿"。

怀特的父亲是美国商界鼎鼎有名的成功人士，生意做得非常大。怀特过着无忧无虑的生活，但他从不摆出一副富家子弟

相信自己确实能

的"架子"。因为从小父亲就告诉他，人不可能依靠父母一辈子，最可靠的是自己的汗水、智慧和知识，一个人必须自立自强，才能被人尊重。怀特很懂事，在学校一直品学兼优，他从来不觉得自己因为是富家子弟就应该有什么特殊的地方。父母还时常锻炼他的动手实践能力，他还拿过科技创新奖。高中毕业后，怀特以优异的成绩进入哈佛大学。

天有不测风云，人有旦夕祸福。后来怀特的父亲得了不治之症，离开了人世，他临终前把所有的财产全部转入怀特的名下。怀特知道父亲一直希望自己自立自强，于是将遗产全数捐给慈善机构。独立的怀特凭着自己的能力边打工边读书，完成了学业，并一直照顾着母亲。经历了那么多的磨炼，怀特积累了很多人生经验，很快便成为一个像父亲一样成功的商业巨人。

目光高远，时刻想着提高和进步，是成功者最重要的习惯。

拿破仑·希尔整日忙碌，因此需要一个人替他拆阅、分类及回复他的大部分私人信件，于是他聘用了一位年轻的小姐当助手。当时，这位小姐的工作是听拿破仑·希尔口述，记录信的内容。她的薪水和其他从事相类似工作的人差不多。有一天，拿破仑·希尔口述了下面这句格言，并要求她用打字机把它打下来："记住：你唯一的限制就是你自己脑海中所设立的那个限制。"当她按要求把打好的纸张交给拿破仑·希尔时，她说："你的格言使我获得了一个想法，对我们来说都很有价值。"

拿破仑·希尔并未对这件事留下深刻的印象。但从那天起，拿破仑·希尔看得出来，这件事在他助手脑中留下了极为深刻的印象。她开始在用完晚餐后回到办公室来，并且从事没有报酬的分外的工作。

她认真研究拿破仑·希尔的风格，把写好的回信送到拿破仑·希尔的办公桌上。这些信回复得跟拿破仑·希尔自己所能写的一样好，有时甚至更好。她一直保持着这个习惯，直到拿破仑·希尔的私人秘书辞职。当拿破仑·希尔开始找人来补这位秘书的空缺时，他很自然地想到这位小姐。其实在拿破仑·希尔还未正式给她这项职位之前，她已经主动地接受了这项职位的工作。她在下班之后，在没有支领加班费的情况下，对自己加以训练，所以空缺一出现，她就成了最有资格胜任的人。

事情还不止如此。这位年轻小姐的办事效率太高了，因此引起了其他人的注意。拿破仑·希尔已经多次提高她的薪水，她的薪水现在已是她当初来拿破仑·希尔这儿当一名普通速记员薪水的四倍。对这件事，拿破仑·希尔实在是束手无策，因为她使自己变得对拿破仑·希尔极有价值，没有其他人能替代她。

这就是进取心的力量。不管你目前从事哪一种工作，每天你都一定要使自己获得一个机会，使自己能在平常的工作范围之外，从事一些对其他人有价值的服务。在你主动提供这些服务时，你要明白，你这样做的目的并不是为了获得金钱上的报

相信自己确实能

酬。你之所以提供这种服务，因为它是你练习、发展及培养更强烈的进取心的一种方式。你必须先拥有这种精神，然后才能在你所选择的事业中，成为一名杰出的人物。

微软全球高级副总裁、前微软中国研究院院长李开复曾经说过："30年前，一个工程师梦寐以求的目标就是进入科技最领先的IBM。那时IBM对人才的定义是一个有专业知识的、埋头苦干的人。斗转星移，事物发展到今天，人们对人才的看法已逐步发生了变化。现在，很多公司所渴求的人才是积极主动、充满热情、灵活自信的人。"

树起自信，一切皆有可能

在现实生活中，当一件事被认为"不可能"时，我们往往就会为"不可能"找到许多理由。例如：我的智商没有别人高，我吃不了苦，我天生记忆力差，我不是学数学的那块料……从而使这个"不可能"变得理所当然，我们就不会采取积极有效的行动，结果这件事就真的成为不可能了。信心是一个人成大事的秘诀。如果你在思想上认为一件事是不可能的，你在行动上自然就不会去做，也就不会有好的结果。

我们曾经有许多的"不可能"盘踞在心头：不可能战胜某个竞争对手、不可能成为第一名……这些"不可能"无时无刻不在侵蚀着我们的意志和理想，许多本来能被我们战胜的困难与对手，也便在这些"不可能"中战胜了我们。其实，只要我们具备超越困难的勇气，那些"不可能"就会变成"可能"。

一位毕业于哈佛大学的年轻人在杜兰特公司找到一份工作。半年后，他很想了解公司总裁对自己的评价，虽然他觉得事务繁忙的总裁可能不会理睬，但还是决定给总裁写一封信。

相信自己确实能

他在信中向总裁问了几个问题，最后一个也是最重要的一个问题是："我能否在更重要的位置上干更重要的工作？"没想到总裁回信了，他没有回答这位年轻人的其他问题，只对他最后的问题做了批示："刚好公司决定建一个新厂，你去负责监督新厂的机器安装吧。但你要有不升迁也不加薪的准备。"随同那封回信，还有总裁给他的一张施工图纸。

这位年轻人没有经过这方面工作的任何训练，却要在短时间内完成任务，在一般人看来，这是非常困难的。这位年轻人也深知这一点，但他更清楚，这是一个难得的机会，如果自己因为困难而退缩，那么可能永远也不会有更好的机会垂青于自己。于是他废寝忘食地研究图纸，向有关人员虚心请教，并和他们一起分析研究。最后，工作得以顺利开展，他还提前完成了总裁交给他的任务。

当这位年轻人准备向总裁汇报这项工作的进展时，意外的是，他没有见到总裁。一位工作人员交给他一封信，总裁在信中说："当你看到这封信时，也是我祝贺你升任新厂总经理的时候。同时，你的年薪比原来提高十倍。据我所知，你是看不懂这图纸的，但是我想看看你会怎样处理，是临阵退缩还是迎难而上？结果我发现，你不仅具有快速接受新知识的能力，还有出色的领导才能。当你在信中向我要求更重要的职位和更高的薪水时，我便发现你与众不同，这点颇令我欣赏。对于一般人来说,可能想都不会想这样的事,或者只是想想,但没有勇气去做,而你做了。新公司建成了,我想物色一个总经理。我相信,你是最好的人选;祝你好运。"

可见,只要你能够像那位年轻人一样敢于超越,拿出勇气主动出击,你就能够把"不可能"变成"可能"。很多人之所以未能拥有一份令自己满意的成绩单,缺乏的不是才能,而是在困难面前大胆超越的勇气。有时候,迈向成功只需要瞬间的勇气。想成功就要战胜内心的胆怯,鼓足勇气,及时抓住机遇。机会是靠自己去创造和主动争取的,并不是上天赐予的。即使上天可以赐予你机会,如果你没有勇气去争取去把握,机会也会像天上的星斗一样可望而不可即。只要在困难面前鼓足勇气,迎难而上,你定能够改变现状。

多洛雷斯开始做生意不久,就听说百事可乐的总裁卡尔·威勒欧普要到科罗拉多大学来演讲。多洛雷斯找到为百事总裁安排行程的人,希望自己能和百事总裁会面。可是那人告诉他,总裁的行程安排得很紧,顶多只能在演讲完后的 15 分钟与他碰面。于是,在威勒欧普演讲那天,多洛雷斯到科罗拉多大学的礼堂外苦坐、守候。威勒欧普演讲的声音不断从里面传来,不知过了多久,多洛雷斯猛然惊觉:"预定时间已经到了,但是他的演讲还没有结束,他已经多讲了五分钟,也就是说,我和总裁会面的时间只有十分钟。我必须当机立断,做个决定。"

相信自己确实能

他拿出自己的名片，在背面写下几句话，提醒总裁后面还有个约会："你下午两点半和多洛雷斯有约会。"然后他做了个深呼吸，推开礼堂的大门，直接从中间的通道走去。威勒欧普先生原本还在演讲，见有人走近，便停了下来。多洛雷斯把名片递给威勒欧普先生，随即转身从原路走回。多洛雷斯还没走到门边，就听到威勒欧普先生告诉台下观众，说他约会迟到了，谢谢大家来听他演讲，祝大家好运，然后就走到外面多洛雷斯坐的地方。威勒欧普先生看看名片，接着又看看多洛雷斯说："我猜猜看，你就是多洛雷斯。"说着，威勒欧普先生露出了微笑。结果他们谈了整整30分钟。威勒欧普先生不但花费宝贵的时间，告诉多洛雷斯许多精彩动人的故事，还邀他到纽约去拜访自己及自己的工作伙伴。后来，多洛雷斯成为一名出色的商人。在谈及他的成功时，他说道："威勒欧普先生给我的最珍贵的东西，就是鼓励我发挥超越困境的勇气。"

多洛雷斯的勇气让我们钦佩。面对困难时，我们必须具备勇气，必须采取行动，否则终将一事无成。

在当今竞争空前激烈的社会中，我们不仅要勇于战胜他人，更要勇于挑战自我。我们要学会毛遂自荐，创造机会展示、表现和推销自己。只有勇于亮出自己，为自己喝彩，才能被人赏识。只要拥有了一往无前的勇气，就没有不可逾越的障碍，距离成功就不会遥远。

　　曾经的弱者也可以成为强者，关键是不轻看自己，面对苦难的摔打，愈挫愈勇，永不言败，把不可能的事最终变成可能。如果丧失了斗志，自我设限，哪怕是可能的事也会变成不可能。

　　心理学家曾经做过一个有趣的"跳蚤实验"。跳蚤堪称世界上弹跳能力最好的动物，跳起的高度均在其身高的100倍以上。心理学家将一只跳蚤放进没有盖子的杯子内，结果，跳蚤轻而易举地跳出了杯子。接着，心理学家在杯子上面罩上一个玻璃罩。这一次跳蚤跳起后碰到了玻璃罩。跳蚤继续尝试，都是碰壁而归。连续多次后，跳蚤改变了起跳高度以适应环境，每次跳跃总保持在罩顶以下高度。接下来，心理学家逐渐改变玻璃罩的高度，跳蚤都在碰壁后主动改变自己的高度。最后，玻璃罩接近桌面，这时跳蚤已无法再跳了。心理学家把玻璃罩打开，跳蚤仍然不会跳。经过几番碰壁，跳蚤已没有跳高的信心了。

　　类似的还有一个关于鱼的实验。生物学家把鲮鱼和鲦鱼放进一个玻璃器皿中，然后用玻璃板把它们隔开。开始时，鲮鱼兴奋地向鲦鱼进攻，可每一次都碰在了玻璃板上。十几次碰壁后，鲮鱼沮丧了。等到生物学家抽去玻璃板后，鲮鱼对近在眼前的鲦鱼竟视而不见，即使那肥美的鲦鱼从它的唇鳃游过。碰壁后的鲮鱼再也没有进攻的欲望和信心了。没几天，鲮鱼因饥饿翻起了雪白的肚皮。碰壁使鲮鱼丧失了自信，也失去了生存

相信自己确实能

的唯一希望，假若它再试一次，那结果就会大为不同。

在很多情况下，人也一样：经过一段时间的努力而没有达到预定目标时，便灰心丧气，认为这件事自己永远都办不到，并忽视自身力量的壮大和外界条件的改变，放弃努力。久而久之，形成思维定式，自信全无，陷在失败的阴影中出不来，丧失一次次唾手可得的机会，最终一事无成，白白耗费一生。

失掉自信的人整日与自卑为伍，渴望成功但又觉得成功遥不可及，灰心生失望，失望生动摇，于是自暴自弃，愤世嫉俗。对于他们来说，什么事都不可能有好的结果，生活得过且过是常态。

真正自信的人，并不在意某些不可能的事情，他们更在意自己内心的感觉，更在意自己的目标是否实现。古人说得好："胜人者力，胜己者强。"明白了自己的价值，你的自信心就不会被恐惧打倒，你就会把不可能的事情变为可能！事实上，你的潜力远远超过你的想象！

迎接挑战，做生活的强者

我们在生活中总会陷入这样那样的困境。在陷入困境时，沮丧和埋怨只能让希望之光熄灭，悲观和诅咒只能为前途再设迷障。一个人在人生的旅途中能走多远，很大程度上取决于他的意志。用坚强的意志去战胜困境，你定能够走出困境，取得佳绩。

有一所位于偏远地区的小学校，由于设备不足，每到冬季便要利用老式的锅炉来取暖。有个小男孩每天提早来到学校，将锅炉打开，好让老师和同学们一进教室就能享受到暖气。

有一天，当老师和同学们到达学校时，发现有火苗从教室里冒出来。他们急忙将这个小男孩救出去，但他的下半身已被严重灼伤，整个人完全失去了意识，只剩下一口气了。

送到医院急救后，小男孩稍微恢复了知觉。他躺在病床上迷迷糊糊地听到医生对妈妈说："这孩子的下半身被火烧得太厉害了，能活下去的希望实在很渺茫。"但勇敢的小男孩不愿就这样被死神带走，他下定决心要活下去。

相信自己确实能

出乎医生的意料，他熬过了最艰难的一关。等到危险期过后，他又听到医生在跟妈妈窃窃私语："其实保住性命对这孩子而言不一定是好事。他的下半身遭到严重伤害，就算活下去，下半辈子也注定残疾。"这时小男孩心中又暗暗发誓，他一定要起身走路。但不幸的是他的下半身已毫无行动能力了，两条瘦弱的腿垂在那里，没有任何知觉。出院之后，妈妈每天为他按摩双脚，不曾间断，但没有任何好转的迹象。即便如此，他要走路的决心也从未动摇。

平时他都以轮椅代步，有一天天气十分晴朗，妈妈推着轮椅带他到院子里呼吸新鲜空气。望着绿色的草地，他心中突然有了一个想法。他奋力挪动身体，然后拖着无力的双脚在草地上匍匐前进。一步一步，他终于爬到篱笆墙边，接着他费尽全身力气，努力地扶着篱笆站了起来。抱着坚定的决心，他每天都扶着篱笆练习走路，一直走到篱笆墙边出现了一条小路。他心中只有一个目标：努力锻炼双脚。凭着钢铁般的意志，以及每日持续的按摩，他终于能用自己的双脚站起来，然后走路，甚至跑步。他后来不但走路上学，还能和同学们一起享受跑步的乐趣，再到后来，他如愿以偿地进入了自己心仪的学府深造，并成为一名出色的学者。

一个被火烧伤下半身的孩子，原本一辈子都无法走路、跑步，但凭着坚强的意志，他站了起来，并且在自己的领域有了令人瞩目的成就。

其实每个人的内心中都深藏着一种能量，它能让人在困境面前不畏缩，不停止前进的脚步，它就是我们内心深处坚强的意志。一个意志坚定的人，是不会畏惧艰难的。如果一个人具备坚强的意志，尽管他的前面有阻止他前进的障碍，他仍不会有丝毫的退却，他会想办法排除障碍，然后继续前进。只要做好了准备，就没有什么能阻止他进步的步伐。

1832 年，林肯失业了，这使他很伤心，但他下定决心要当政治家，当州议员。但是，他竞选失败了。在一年里遭受两次打击，这对他来说无疑是痛苦的。

接着，林肯着手开办企业，可一年不到，这家企业又倒闭了。在以后的 17 年里，他不得不为偿还企业倒闭时所欠的债务而到处奔波。

随后，林肯再一次决定参加竞选州议员，这次他成功了。他内心萌发了一丝希望，认为自己的生活有了转机："可能我可以成功了！"

1835 年，林肯订婚了。在离结婚的日子还差几个月的时候，他的未婚妻不幸去世。这对他精神上的打击实在太大了，他心力交瘁，数月卧床不起。1836 年，他得了精神衰弱症。1838 年，林肯觉得身体良好，于是决定竞选州议会议长，可他失败了。1843 年，他又参加竞选美国国会议员，这次仍然没有成功。

相信自己确实能

1846 年，林肯又一次参加竞选国会议员，最后终于当选了。两年任期很快过去了，他决定要争取连任。他认为自己作为国会议员的表现是出色的，相信选民会继续选举他。但结果很遗憾，他落选了。因为这次竞选他赔了一大笔钱，林肯申请当本州的土地官员。但州政府把他的申请退了回来，并指出："做本州的土地官员要求有卓越的才能和超常的智力，你的申请未能满足这些要求。"接连又是两次失败。

1854 年，林肯竞选参议员，但失败了；两年后，他竞选美国副总统提名，结果被对手击败；又过了两年，他再一次竞选参议员，还是失败了。

1860 年，林肯当选为美国总统。

林肯一次次地尝试，一次次地遭受失败，但他没有放弃，他也没有说"要是失败会怎样？"面对挑战，只有勇于尝试的人才是真的勇士，虽败犹荣。若不是一次次的竞争、失败、再竞争，林肯恐怕只能做一辈子的小职员。

人的一生中肯定会碰到一些不如意的事情，关键是看你的心态如何。世界上人人都是平等的，没有谁比不上谁，重要的是要勇于面对生活给我们的挑战，赶走悲观和自卑，摆脱负面的思维。

在美国庞大的律师群体中，有一位外貌丑陋却口碑极佳的女律师，她的名字叫科尔。在法庭上，她的容貌常会引起众人的惊讶甚至恐惧。但是，这位丑陋的女律师，却以渊博的学识、言辞犀利的口才以及咄咄逼人的气势震惊四座，为无数当事人打赢了官司。许多人不解，这样一位容貌丑陋的人是怎样成为一名知名律师的呢？

科尔是家中唯一的女孩，童年时代，她不但长得俏丽可人，而且聪明伶俐，从小就是父母的掌上明珠。升入中学后不久，科尔的身上不断出现奇怪的症状：原本一头金黄色的长发变成了灰白色，且不停地大把脱落；右眼向下倾斜；鼻子向右扭曲；右侧嘴角向上翻起，一张漂亮的面孔完全变了形。医生诊断得出的结论是：科尔患上了一种罕见的进行性面偏侧萎缩症。这类病症会随着患者年龄的增长而日趋加重，患者的五官会渐渐萎缩直至完全消失，甚至整张脸萎缩成为一个洞。而且目前在全球范围内还没有对这种病症行之有效的治疗方法。这种病虽然非常可怕，但不会危及患者的生命。坚强的科尔心头重新燃起了一团希望的火焰。

科尔想，既然自己享有和他人同等的生命权，就一定要通过努力和奋斗来证明自己生命存在的价值和意义。从此，科尔更加发奋地努力学习，几乎包揽了年级所有学科的第一名。后来，科尔以优异的成绩考取了大学。走进大学校园后，她依旧是同学们眼中的"怪物"，没有人愿意主动接近她。面对如此大的精神压力，科尔只有一个人默默地承受。

相信自己确实能

一天，在社会心理学课上，老师让同学们讨论自己的理想。轮到科尔时，她说她的理想是做一名律师。教室里哄堂大笑，同学们你一言我一语地说："'丑八怪'律师……""谁有这么大的胆子请这样的律师出庭……""考验法官胆量的时候到了……"但科尔表情严肃并语气坚定地说自己要当律师，去帮助那些可怜的受害者，以及遭到他人歧视的身患残疾的不幸的人。教室里瞬时安静下来，每个人都陷入了沉思。

现在，科尔这位女律师时常出现在法庭上，她特殊的容貌依然会招来一些人的嘲讽甚至轻视。但科尔说："有一天我的脸可能会消失，但只要我的生命还在，我会继续证明，容貌的美并不重要，重要的是你生命中的自信和坚强。"

看完这个事例，你有什么样的感受呢？科尔是勇敢的，她没有因为自身的丑陋而自卑。在面对来自外界的压力时，她没有悲观消极，而是选择了积极的应对方式，让那些嘲笑她、看不起她的人自己感到羞愧。

人应该像科尔一样，不管发生什么事情，都要赶走悲观和自卑，摆脱自己的负面情绪，要永远相信自己是最好的，这样就不会被打倒，从而走向成功。

人生难得几回搏，风光无限在险峰。勇于拼搏的人，即使失败，也比聪明的懦夫值得尊敬！从现在开始，带着坚强的意志去战胜困难、迎接挑战，你的未来就有可能是辉煌的。

勤奋做事，和时间赛跑

每个人的一天都是 24 小时，谁能在同样的时间里获得更多的知识，谁做事不拖拉，争分夺秒，谁就赢在了起跑线上。

古人说："一寸光阴一寸金，寸金难买寸光阴。"一年四季，春夏秋冬，循环往复。在人生的旅程中，人人心中都有美好的理想。然而你可知道，通往理想的桥梁是什么？是勤奋！每一个成功者手中的鲜花，都是他们用汗水和心血浇灌出来的。

春天的某个早晨，太阳刚刚升起，喜鹊就来到了猫头鹰先生的家门口，欢快地叫着："猫头鹰先生，快起来，借着早晨明媚的阳光，练习捕食本领，不要再睡懒觉了。"猫头鹰睁一只眼闭一只眼，身体一动不动地蜷缩在窝里，懒懒地说了声："是谁呀？这么早就上这儿来瞎叫！人家还没有睡醒呢。啥时练习不行？我还得再睡一会儿。"喜鹊听了这话，只好独自锻炼去了。

中午，喜鹊又来了，猫头鹰虽然醒了，但它还是在床上躺着。喜鹊刚要说话，猫头鹰就抢着说："天还长着呢，练什么呢？还是趁早休息的好。"喜鹊说："已经不早了，都到中午了，

相信自己确实能

你该锻炼捕食了。"可猫头鹰还是一动不动。

太阳落山之前，喜鹊飞到猫头鹰家，看见猫头鹰刚刚起床洗脸，就对他说："天要黑了，要休息了，你怎么才洗脸啊？"猫头鹰说：自己就这习惯，晚上饿了才开始捕食。喜鹊说："这么晚了你还能捕到什么食！"

这时，天已经黑下来了，猫头鹰拍打着翅膀，从一棵树上飞到另一棵树上，累得筋疲力尽，什么食物也没捕到，肚子饿得咕咕叫。

这是则小小的寓言故事，却告诉人们一个深刻的道理，那就是要珍惜时间。

人生来便具有惰性。懒惰是一种"毒药"，既毒害人的肉体，也毒害人的心灵。一个人倘若可以克服懒惰，成功便指日可待。

爱因斯坦说过：在天才和勤奋两者之间，我毫不迟疑地选择勤奋，它是世界上几乎一切成就的催产婆。

勤奋是什么？勤奋就是珍惜时间，认认真真学习、思考、实践，努力干好每一件事情，踏实工作。勤奋是成功的基础，是传统美德。

闻一多读书成瘾，一看就"醉"。在他结婚的那天，洞房里张灯结彩，热闹非凡。大清早，亲朋好友都来登门贺喜，直到迎亲的花轿快到家时，人们还到处找不到新郎。大家东寻西找，结果在书房里找到了他，只见他仍穿着旧袍，手里捧着一本书入了迷。

相声语言大师侯宝林虽然只上过三年小学，但由于勤奋好学，他的艺术水平达到了炉火纯青的程度，成为著名的语言艺术大师。有一次，他为了买到自己想买的一部明代笑话书《谑浪》，跑遍了北京城所有的旧书摊也未能如愿。后来，他得知北京图书馆有这部书，就决定把书抄回来。适值冬日，他顶着狂风，冒着大雪，一连18天都跑到图书馆里去抄书，一部十多万字的书，终于被他抄录下来。

数学家张广厚有一次看到了一篇关于亏值的论文，觉得对自己的研究工作有用处，就一遍又一遍地反复阅读。这篇论文共二十多页，他反反复复地读了半年多。因为反复翻摸，洁白的书页上留下一条明显的黑印。他的妻子对他开玩笑说，这哪叫念书啊，这是"吃书"。

鲁迅先生从小认真学习。少年时，他在江南水师学堂读书，第一学期成绩优异，学校奖给他一枚金质奖章。他立即将奖章拿到南京鼓楼街头卖掉，然后买了几本书，又买了一串红辣椒。每当晚上夜读寒冷难耐时，他便摘下一个辣椒放到嘴里嚼，直辣得额头冒汗，用这种办法驱寒坚持读书。

如果没有闻一多"醉书"、侯宝林抄书、张广厚"吃书"以及鲁迅嚼辣椒驱寒读书的勤奋，我国灿烂的文化中便会少上几个亮点！人的天赋就像火花，它既可以熄灭，也可以燃烧，而使它熊熊燃烧的办法只有一个，那就是勤奋。这些名人的事

相信自己确实能

迹告诉我们一个真理：学业的精深造诣来源于勤奋。一个人能否成功，不是看他是否有天赋，关键在于他是否勤奋。

决定成功的因素有很多，但人要想进步，最根本的是勤奋。只有在不断地学习中发现、研究和解决困扰自己的难题，具备收集、交流、处理、使用信息的意识和技巧，才能使自己更加睿智。生活不是一件容易的事，需要付出努力，需要有克服困难的意志，需要用勤奋战胜懒惰。

王永庆没读过多少书，他从小在米店当学徒，后来一步步发迹，成为一名成功的企业家。那么，他成功的秘诀是什么呢？答案是"勤奋"二字。小时候，王永庆家里十分贫穷。由于他在兄妹中排行老大，他从小就担负着繁重的家务。六岁起，他每天一大早就起床，赤着脚，担着水桶，一步步爬上屋后的小山坡，再赶到山下的水潭里去打水，然后从原路挑回家，一天要往返五六趟，十分辛苦。不过，这也锻炼了他的耐力。小学毕业后，为了维持一家人的生计，他没有继续去上初中，而是来到家乡附近的一家米店当学徒。在那儿待了大概一年，他的父亲见他有独立创业的潜能，就向亲戚朋友借了200块钱，帮他开了一家米店。

米店虽小，但王永庆精心经营着。为了建立客户关系，他用心盘算每个客户的消费量，比如一家十口人，每月需大米20公斤，五口之家就需要十公斤。他按照这个数量设定标准，当他估计某家的米差不多快吃完了的时候，就主动将米送到顾客家里。这种周到的服务一方面确保顾客家中不会缺米，另一方面也给顾客提供了方便。尤其是那些老弱病残的顾客更是感激不尽，自从买过他的大米后，他们再也没到别家米店去买过米。

当然，王永庆这样送米上门，由于诸多原因，不一定当时能及时拿到米款，但他不在意。他想，对于大多数领薪水的人来说，没到发薪之日，手头也没有几个钱，于是他牢记每个在不同机构上班的顾客每月是哪一天领薪水，就在那一天去收米款，结果十有八九都能满意而归。

有耕耘就会有收获，只要有所付出，并持之以恒，终将有所回报。勤奋是我们可以依赖一生的法宝，勤奋靠的是毅力，是坚韧。凡事都习惯推到明天再干的人，永远没有明天。许多人都有把今天的事情拖到明天去办的习惯，还要千方百计地找理由来安慰自己。可是，向往明天、等待明天而放弃今天的人，就等于失去了明天，结果只能是一事无成。

在老师和家长眼里，李洋绝对是一个听话的好孩子，他的学习成绩也很优异。他本来是一个爱说爱笑的人，但是最近他总是愁眉苦脸的，满怀心事，而且老说一些"丧气话"，比如："唉，我怎么这么没用啊！""累死了，真不想学习了，没意思！"

班主任林老师发现了这个问题，便把李洋叫到办公室，仔细询问。

相信自己确实能

李洋一副苦恼的样子，说："我一直很爱学习，我有自己的理想和目标。这学期开始，我制定了详细的计划，包括各门功课应该实现什么样的目标、在班上争取什么样的位置。为了实现这些，每天在什么时候要做什么事，我都做了明确的规定。而且我还分科独立制定目标，一门功课一张表。但是令我苦恼的是，这个计划仅仅执行了一周，第二周便不能执行了。有时是忘记了这个时间该做的事情，干脆下面的也不想做了；有时候感觉很累，什么也不想做，就对自己说明天再做吧，可是到了第二天又没做……我应该怎么办呢？"

林老师听了点点头，说："别着急，老师帮你分析分析。"

李洋的计划是制定好了，但执行不到一周就出毛病了：今天打了半天篮球，特别累，休息一下，到明天晚上再学习；到了第二天晚上，有足球赛，算了，明天晚上吧……这样不知道过了几个"明天晚上"，结果是计划一点儿都没执行。

我们每一个人的脑海里可能都藏着一个或数个早就应该付诸行动的想法。有的人的想法也许是写一篇文章，有的人的想法也许是早起锻炼身体，有的人的想法也许是成绩提高十分等。每一个人都想追求完美，怀有不断改进自我的希望，可是和李洋一样半途而废的人也不少。他们懒惰而贪于安逸，总是"忘了"自己的目标，一直到"老大徒伤悲"时，才感叹自己"少壮不努力"。他们做事犹豫不决，迟迟未见行动，一再拖延。他们老是说："等一等，等我准备好了就一定开始。"但是，只见口头言语，从未采取行动。时不我待，失去时机，你就永远无法成功。古诗《明日歌》这样写道："明日复明日，明日何其多，我生待明日，万事成蹉跎。"

有一艘海轮在途中触礁，船体进水。乘客有的急忙找救生圈，有的找自己的行李，但更多的人在发牢骚：有的责怪船长，说其驾驶技术太差；有的骂造船厂，说其生产伪劣产品。这时，一位乘客高声喊道："我们的命运不是掌握在我们的嘴上，而是掌握在我们的手上，快堵住漏洞！"经过众人的努力，漏洞被堵住了，海轮安全地驶向彼岸。

百怨不如一干，百说不如一做，光靠嘴皮子是没用的，只有行动起来，才能解决问题。

只争朝夕，抓住今日，这就是成功者的精神，也是他们成功的原因！每个人都应该牢记大剧作家莎士比亚的话：时间给勤奋者以智慧，给懒汉以悔恨。不管你的梦想多么美妙，计划多么周详，如果不采取任何行动，梦想只能是空想，也就永远没有实现的一天，最后你只能是一事无成。要想获得成功，就必须把你想到的东西马上付诸实践。

成功要有好心态

第三章

确定目标，跟"穷忙"说再见

有这样一个故事：

父亲带着三个儿子到草原上打猎。到达目的地后，一切准备得当、开始行动之前，父亲向三个儿子提出了一个问题："你们看到了什么呢？"

老大回答道："我看到了我们手里的猎枪、在草原上奔跑的野兔，还有一望无际的草原。"父亲摇摇头说："不对。"

老二的回答是："我看到了爸爸、大哥、弟弟、猎枪、野兔，还有茫茫无际的草原。"父亲又摇摇头说："不对。"

老三的回答只有一句话："我只看到了野兔。"这时父亲才说："你答对了。"

管理大师彼得·杜拉克说：人并不是有了工作才有目标，而是有了目标才能确定人的工作。目标可以为我们的行为指出一个方向，提供一个行动的"地图"。"地图"上的目标或许并不代表一个实际的地点，只是告诉我们有关地点的一些信息，但这些信息对于指导我们在新情境下的行动大有裨益。

相信自己确实能

人的一生是短暂的，要想在有限的时间里学习丰富的知识，活出不一样的人生，必须要有很明确的学习目标。目标就像风筝的线，线的这头在你手中，抓住了那根线，风筝才能永远在你的掌握之中；而一旦你失去了那根线，风筝将随风飘荡，最终跌落。

拥有目标的人能够打拼出自己的一片天地，创造出属于自己的奇迹。没有盯住自己的目标，甚至根本就没有目标的人，必然在生活中"东一榔头西一棒槌"，最终什么也没有得到。从这个意义上来说，要摆脱"穷忙"人生，就要求我们确立一个明确的目标，然后不停地告诉自己这个目标在哪里，而不能因为外界的干扰而迷失方向。

有个人邀请三个小男孩在雪地上玩一个游戏，他向小男孩们解释游戏规则："我待会儿站在雪地的那一边，等我发出信号后，你们就开始跑。谁留在雪地上的脚印最直，谁就是这场比赛的胜利者，可以拿到奖品。"

比赛开始了。第一个小男孩从迈出的第一步开始，目光就紧紧地盯着自己的双脚，以确保自己的脚印更直。第二个小男孩一直在左顾右盼，观察着同伴是如何做的。第三个小男孩最终赢得了这场比赛，因为他的眼睛一直盯着站在对面的那个人，更确切地说，是一直盯着他手中拿着的奖品。

正如故事中的第三个小男孩那样，只有将目光坚定不移地聚焦在目标上的人，才不会在看到其他人都在左顾右盼、忙着他事的时候心动不已而选择加入其中、迷失自己。这样的人才会少走弯路。

事实上，无论面对多么复杂的问题，只要时刻记住目标，每一个细节都为这个最终目标服务，它就一定能够实现。相反，那些没有明确目标的人，总是感到心里空虚，思绪乱成一团麻，分不清主次轻重，犹豫不决，不知道自己该干什么、不该干什么，像无头苍蝇一样在人生的道路上四处碰壁。

目标是我们追求幸福和进步的强大推动力。有些人认为，关键是行动，目标是很虚的东西，没什么作用。这种想法是错误的，因为没有目标的行动是盲目的行动，而盲目的行动肯定是低效率的行动。很多人碌碌无为，他们之所以没有紧迫感，正是因为还没有确立明确的奋斗目标。一旦有了奋斗目标之后，他就不会再松懈、懒惰，因为要实现他自己定下的目标，他就必须去克服这些缺点。一个没有目标的人，就像一艘没有舵的船，永远漂流不定，最终只会到达失望、失败和颓丧的海滩。一个没有目标的人，就像没有翅膀的鹰，永远无法展翅翱翔。

有一位老师，在课堂上给学生们讲了这样一个故事：有四只猎狗追赶一只土拨鼠，土拨鼠钻进了一个树洞里。这只树洞只有一个出口，可不一会儿，从树洞里钻出一只兔子。兔子飞快地向前跑，爬上一棵大树。树上的兔子仓皇中没站稳掉了下

相信自己确实能

来，砸晕了正仰头看的三只猎狗。最后，兔子终于逃脱了。

故事讲完后，老师问："这个故事有什么问题吗？"学生说："兔子不会爬树。""一只兔子不可能同时砸晕三只猎狗。""还有哪儿？"老师继续问。直到学生再找不出问题了，老师才说："可是还有一个问题，你们都没有提到，土拨鼠哪里去了？"一开始引起故事的土拨鼠大家完全没有注意到。

在我们的人生中，是不是也有这样的情况？仔细想想，我们的心灵是不是早已被纷杂的各种事物所填满，反而忽略了我们最初的目标？

人心复杂，贪求颇多，常常会失去自己的初衷。多年过去，回首往事，难免后悔。所以，做人心思简单一些，专注一点，未尝不是一件好事。

有一个叫埃尔里森的美国年轻人，尽管他是哈佛大学的毕业生，但在选择工作的时候，他还是决定从基层做起。他的工作是为一家保险公司推销保险。从事推销保险的工作后，他努力学习业务知识和销售技能。然而，在最初的一个月里，埃尔里森一无所获。三个月后，他仍然没有任何业绩。埃尔里森陷入了沉思："这个行业真的能够给我带来成就和财富吗？我没有任何事业目标,每天这么辛苦,好像就是为了能吃饱穿暖而已。"

此后，埃尔里森又从事多种职业，但均以失败而告终。埃尔里森并没有因为挫败而气馁，他心里一直想开创一番自己的事业。一个偶然的机会,他的一个亲戚的邻居向他提供了一个机会。

原来,那天埃尔里森看望亲戚时,亲戚的邻居玛莉正在家里做一种保健产品展示说明会。说明会吸引了很多人,埃尔里森好奇地前去探个究竟。当他了解到玛莉所说的事业能够使财富倍增,还可以进行无店铺销售的神奇魅力后,埃尔里森动心了,他决定加入玛莉的直销团队。埃尔里森想:凭自己的能力,加上努力和拼搏,一定可以实现所有的梦想。从那时开始,埃尔里森真正有了自己明确的目标——他要拥有一个超级销售团队,成为一名成功的高级直销商。

经过一段时间的努力,埃尔里森的直销事业逐渐有了很大起色。产品示范、销售和推荐,他在这个行业游刃有余。随着团队的壮大和产品销售量的增加,埃尔里森终于体验到了财富倍增的奇妙魅力。

今天的埃尔里森早已实现了"做成功的高级直销商"的梦想,收入自然也是今非昔比。

埃尔里森的经历告诉我们,人一旦明确了奋斗目标,才会最大限度地发挥自己的全部潜力,实现成功。人有了目标,就有了热情,就有了积极性,就有了使命感和成就感。有了目标的指引,人才能像雄鹰一样展翅翱翔。

有些人往往会给自己定下很多目标,但是正如中国一句古

相信自己确实能

老的谚语所说的一样："无志之人常立志，有志之人立长志。"如果我们常常变换自己的想法，时不时地就给自己定下一个目标，却没有足够的毅力和信心去坚持不懈地实现它，那么我们就注定失败。

在追求人生目标的过程中，我们有时也会被一些毫无意义的琐事分散精力，扰乱视线；亦难免遭遇一些艰难困苦，于是失去勇气，丧失信心，在中途停顿下来，或是放弃了自己原先追求的目标。这时，不要忘了时刻提醒自己：自己要的究竟是什么？自己心目中的目标哪儿去了？别让目标受到干扰，我们要学会的是让心灵专注于一个目标。漫无目标或目标过多，都会阻碍我们前进。

创造属于自己的奇迹

　　每个人都想创造属于自己的奇迹，怎样才能做到呢？在做出回答以前，你要先问问自己：是否有在困难面前永不低头的信念？是否在遇到困难的时候，首先想到的是"我不行"，因此就选择了放弃？

　　有这样一个故事：

　　有一天，上帝宣旨说，如果哪个泥人能够走过他指定的河流，他就会赐给这个泥人一颗金子般的心。这道旨意下达之后，泥人们久久都没有回应。不知道过了多久，终于有一个小泥人站了出来，说他想过河。

　　"泥人怎么可能过河呢？你不要做梦了。""你知道肉体一点儿一点儿失去时的感觉吗？""你将会成为鱼虾的美味，连一根头发都不会留下……"他的同伴都为他担心。

　　然而，这个小泥人决意要过河。它不想一辈子只做一个小泥人，它想拥有自己的"天堂"，但是它也知道，要到"天堂"，得先过"地狱"。这"地狱"就是它将要走过的河流。

　　小泥人来到了河边。犹豫了片刻，它的双脚踏进了水中。

相信自己确实能

它感到自己的脚在飞快地溶化着，每一分每一秒都在远离自己的身体。"快回去吧，不然你会毁灭的！"河水咆哮着说。

小泥人没有回答，只是沉默着往前挪动。这一刻，它忽然明白，它的选择使它连后悔的资格都不具备了。如果退回岸边，它就是一个残缺的泥人；如果它在水中迟疑，只能加快自己的毁灭。而上帝给它的承诺，则比死亡还要遥远。

小泥人孤独而倔强地走着。这条河真宽啊，仿佛耗尽一生也走不到尽头。小泥人向对岸望去，那里有美丽的鲜花、碧绿的草地和快乐飞翔着的小鸟。也许那就是天堂的生活。

小泥人一厘米一厘米地坚持向前走，不知道过了多久——简直就到了小泥人绝望的时候，它突然发现，自己居然上岸了。它欣喜若狂，正想往草坪上走，又怕自己身上的泥土玷污了天堂的洁净。它低下头，开始打量自己，却惊奇地发现，它已经什么都没有了——除了一颗金灿灿的心，它梦想的奇迹终于出现了。

其实，每一个人都会拥有这样一颗心，只要你有毅力、不退缩，那么你就可以提升自我的价值，创造属于自己的奇迹。

1942年3月，在百老汇的社会图书馆里，著名作家爱默生的演讲使年轻的惠特曼激动了："谁说我们美国没有自己的诗篇呢？我们的诗人文豪就在这儿呢！……"这位身材高大的当代大文豪的一席慷慨激昂、振奋人心的讲话，使台下的惠特曼激动不已，热血在他心中沸腾，他浑身升腾起一股力量，他要深入到各个领域、各个阶层，体验各种生活方式，他要倾听大地的、人民的、民族的心声，去创作新的不同凡响的诗篇。

1854 年，惠特曼的《草叶集》问世了。这本诗集热情奔放，冲破了传统格律的束缚，用新的形式表达了民主思想和对社会压迫的强烈抗议，对美国诗歌的发展产生了巨大的影响。

《草叶集》的出版使远在康科德的爱默生激动不已。诞生了！国人期待已久的美国诗人诞生了！他给予这些诗以极高的评价，称这些诗是"属于美国的诗"，"是奇妙的"，"有着无法形容的魔力"，"有可怕的眼睛和水牛的精神"。但是惠特曼那创新的写法、不押韵的格式、新颖的思想内容，并非那么容易被大众所接受，他的《草叶集》并未因爱默生的赞扬而畅销。然而，惠特曼并未失去信心。1855 年底，他印起了第二版，在这版中他又加进了 20 首新诗。

1860 年，当惠特曼决定印第三版《草叶集》，并补进些新作时，爱默生竭力劝说惠特曼取消其中几首刻画"性"的诗歌，说否则第三版不会畅销。惠特曼对爱默生表示："在我灵魂深处，我的意念不服从任何的束缚，而是走自己的路。《草叶集》是不会被删改的，任由它自己繁荣和枯萎吧！"第三版《草叶集》出版，获得了巨大的成功。不久，它便跨越了国界，传到英格兰，传到世界许多其他地方。

每个人在追寻理想的过程中都会遇到困难，当你身处逆境时，不要认为自己无法完成这件事情，不要给自己灌输错误的思想，要相信自己能行，创造出属于自己的奇迹。

善于总结，把失败变为财富

生活中，我们经常遇到这样的人：他们因为自己努力不够，做事情总是得不到圆满的结果，但是他们不是从自己身上寻找原因，而是为自己寻找各种借口，为自己的失败和挫折辩护，掩盖自己的失误和不足。其实，不管他们寻找什么借口，我们都明白失败不是借口可以掩饰的。

有这样一个神话故事：

有一个生麻风病的病人病了近 40 年。有人告诉他，只要他喝了前方不远的水池里神奇的水，病就可以痊愈。但是他躺在那儿近 40 年，却没有往水池迈近半步。

有一天，佛祖碰见了他，问道："施主，你要不要医治，解除病魔？"

那麻风病人说："当然要！可是人心好险恶，他们只顾自己，却不帮我。"

佛祖听后，又问他道："你要不要被医治？"

"要，当然要啦！但是等我爬过去时，水池都要干涸了。"

佛祖听了那麻风病人的话后，停顿了片刻，又问他："你到底要不要被医治？"

他说："要！"

佛祖回答说："好，那你现在就站起来，自己走到那水池边去，不要老是找一些理由辩解。"

那麻风病人听后，深感羞愧，立即站起身来，走向水池边去，用手捧着神水喝了几口。刹那间，那纠缠了他近40年的麻风病就好了！

大多数人身上都有这样的问题——喜欢给自己找借口。很多人抱怨社会不公、抱怨工作无意义……人生总是让他们不满意，认为是给他们设置了很多障碍，以致他们不能成功，不能快乐地生活。

人生中总会有不如意，总会遇到挫折和不顺，于是有人寻找各种借口，为自己的失败和不如意找各种理由来掩饰。如果他们把找借口的时间和精力放在总结教训上，把失败变为宝贵的经验，那么他们就不会再犯同样的错误，而且进步指日可待。

威灵顿的部队刚到西班牙时，由于兵力与装备不足，败给了法军，威灵顿只身逃出了战场。当时天降大雨，他躲到一家农户的草堆里避雨，心中又懊悔又绝望。就在他万念俱灰之时，一只蜘蛛的出现改变了他的命运，进而改变了整个西班牙乃至整个欧洲的命运！

相信自己确实能

这只蜘蛛在风雨中拼命地结网,网却一次又一次被无情的风雨吹破,可蜘蛛毫不气馁,仍然一次又一次地吐丝结网,终于在第七次的时候把网结成。威灵顿在蜘蛛的身上仿佛看到了自己的影子,他重新振作了起来,迎着风雨去寻找他的部队。之后的战争仍然进行得异常艰苦,但威灵顿再也没有退缩过,他指挥着英、西、葡联军与法军苦战,终于在1814年将法军全部赶出了西班牙,取得了半岛战争的胜利。

然而战争并没有完全结束,昔日的劲敌也并没有彻底放弃反击。1815年,拿破仑卷土重来,一路上兵不血刃地夺取了法国皇位。

两个宿敌又一次相遇了。在比利时的小镇滑铁卢,两人展开了殊死搏斗。面对着昔日将自己打得溃不成军的法军和他们的天才统帅拿破仑,威灵顿没有被过往的失败阴影所击倒。他镇定自若,丝毫没有表现出恐慌和畏惧。他出色的指挥挫败了法军的战略计划,死死地牵制住了法军前进的步伐。最后威灵顿的援军赶到,一代枭雄拿破仑最终兵败滑铁卢,永远地退出了欧洲的政治舞台。

威灵顿为世人所传颂的并不是他杰出的军事和政治才能,而是他把失败变为宝贵的财富,能够从过去的失败阴影中崛起的精神。不经历风雨,怎能见彩虹?不要因为过去的失败而垂头丧气,振作精神,迎接你的必将是风雨后的彩虹。

一个人要善于总结，对于自己所犯的错误要尽全力去改正。犯错并不可怕，关键是我们怎么将错误变成对我们有利的"武器"，这样，以前的错误就不再是错误，而成了我们宝贵的经验。下面是一个刚从美国哈佛大学毕业参加工作不久的大学生的自述。

"善于总结，进步就快"——这句话是我的上司对我说的。一直以来，我都很用心地工作，我出色的表现赢得了上司的青睐，上司认为我是可塑之材，想进一步提高我的综合策划能力。所以，一次，他特别交办我去完成一份方案。

可惜，当时的我没有领会到上司的用心，反而觉得这是一种负担，认为这项工作不在我的职责范围之内。由于不敢违抗上司的命令，我很不情愿地接过任务，但心里根本没有想要下功夫去努力完成它。

接过任务后，我像切蛋糕似的，把方案进行任务分解，派给相关的同事，由他们来协助我完成。在剩下的日子里，我没有思考过如何完成这份方案，而是被动地等着其他同事把材料交过来。收集齐材料后，我没有进行二次审核，也没有进行适当地整合，只以一个简单的"拼凑"动作，把所有材料汇总在一起，就算完成了。

方案交上去后，我以为上司会找我，要求我重新修改。但奇怪的是，连续几天过去了，我都没有接到通知。我忐忑不安起来，因为整个方案确实很糟糕，不但主题不突出，而且条理

相信自己确实能

也不清晰。大约过了一个星期，我收到上司发来的邮件。原来，上司亲自组织相关人员，重新拟写了方案。我惭愧不已。我很想弥补自己的错误，经过一番思考，我以邮件形式写了一封检讨书发给上司。在邮件中，我坦承自己的错误和不足，并向上司道歉。上司给我的回复只有一句话，就是"善于总结，进步就快"。

这句话让我明白了一个道理，那就是——昨天已经过去，不可挽回，唯一能把握的只有今天。所以，不要沉溺于过去的失败或烦恼，而是要不断总结，找到出路，并把全部精力集中在自己要做的事情上，专心致志，把精力集中于现在这一刻，把思想集中在正在进行的事件中，这样就能取得成功。

在人生的道路上也是如此，不要因为某一次的错误而垂头丧气，从而影响了自己在其他事情上也不能集中精神。此时我们应该分析为什么犯错，总结犯错的经验，并且找到解决方法，这样才能真正地将错误变成我们的财富。

谁不善于总结，谁就吃大亏；谁善于总结，谁就将获得最终的成功。

要想成才，首先给自己定好位

生活中，我们容易对人对事不认真。从心理学上讲，不认真容易导致"从众心理"。所谓"从众"，是指人的活动如认识、行为等，常常受多数人的影响。大家都这么认为，于是自己也这么认为；别人都这么做，于是自己也跟着这么做，这样的例子随处可见。

"从众心理"是一种消极的心理，从一个侧面展示了人不能对自己有一个客观认识的思想局限性。中国古代中有一个故事，惟妙惟肖地反映了人性的这种弱点。

苏东坡住在岐山下时，听说河阳县的腊肉味道特别好，就特地差人到河阳县去买。哪知差人是个酒鬼，起初因为受了苏东坡的警告，他倒是一点儿酒也没喝，小心翼翼地做事，所以一路上还顺利，没有出什么岔子。可是等到买好腊肉，快要到家的时候，他熬不住了，便找了个酒铺大喝起来，喝完倒头就睡，腊肉也丢了。醒后没有找到腊肉，他又不敢空手回去，只好自掏腰包在岐山附近买了些腊肉。为了吃美味的河阳腊肉，苏东坡特地发出许多请帖，请了不少客人。苏东坡是当时的名人，客

相信自己确实能

人们觉得他的话是不会错的，于是都称赞河阳腊肉好吃。那些没感觉到腊肉味道好的人，见大家都说好，也跟着称赞起来。可是，正当大家赞不绝口时，有人来通报说：有几个老百姓要见苏东坡。苏东坡把来人叫进来一问，原来是他们的孩子拿走了腊肉，现今他们给送回来了。客人们觉得很没趣，便一个个地走了。

不认真、人云亦云、随波逐流的人大多是没有主见的人，这种人常常言不由衷，容易被别人"牵着鼻子走"，成功几乎与他们无缘。

在人生的旅途上，你必须做出抉择：你是任凭别人摆布，还是坚定地相信自己？是总要别人推着你走，还是驾驭自己的命运，控制自己的情感？

任何人在生活中都会遇到许多失败，此时你是否动摇了呢？如果你放弃了，你就放弃了成功的机会。一个人如果想要有所成就，就必须持之以恒地坚持自己的方向，不能半途而废。

成功并不像你想象的那么难，但如果你总是半途而废，你就永远没有成功的可能。要摆脱半途而废的不良习惯，既要克服畏难思想，树立坚定的信念，又要讲究方法，选定目标，锲而不舍。当你专注于自己真心想做的事情时，你必须从现在开始坚定你的梦想。

1929年，在美国一个贫民窟里诞生了一位世界传奇式人物，他就是著名的推销奇才乔·吉拉德。乔·吉拉德的成长经历可谓曲折。他从懂事起便开始给人家擦皮鞋，后又做报童，还做过洗碗工、送货员、电炉装配工和住宅建筑承包商等。据他讲，35岁以前的他，可以说是一事无成，没有任何成就，甚至还欠了一身的外债，朋友均弃他而去，就连妻儿的生活费用都成了问题。另外，他还患有严重的口吃。为了生存，他开始做汽车业务，步入了他的推销生涯。

从干推销的那一刻起，"我干这一行一定能行"就成为乔·吉拉德创业的信念。他相信自己一定能做得到，他以极大的热忱投入到推销工作中。不管在街上还是在商店里，他逢人就送名片，抓住一切机会，推销他的产品，推销他自己。三年过后，他成为全世界最伟大的销售员。谁能预料到，三年前背了一身外债、几乎走投无路、处于绝望的乔·吉拉德，竟然能够在短短的三年内被吉尼斯世界纪录称为"世界上最伟大的推销员"？他至今还保持着销售昂贵产品的空前纪录——平均每天卖6辆汽车！他一直被欧美商界称为"能向任何人推销出任何商品"的传奇人物。

仔细分析不难发现，在乔·吉拉德成功的要素中，非常重要的一点就是他把自己定位为做一名销售员，他认为自己更适合、更胜任做这项工作，从而热爱这项工作，这是他成功的动力。而且他有坚持不懈、失败也不气馁的精神，这是他成功的重要条件。

可见，要想成功，人首先要给自己定好位，不可人云亦云，随波逐流。

感谢曾经的伤害与打击

生活中如果遭到别人的伤害和打击，对此你是怨天尤人，还是一笑释怀？来看看下面的例子。

格林夫妇带着两个儿子在意大利旅游，不幸遭到劫匪袭击。如一场无法醒过来的噩梦，七岁的长子尼古拉死于劫匪的枪下。就在医生证实尼古拉的大脑确实已经死亡的十个小时内，孩子的父亲格林立即做出了决定，同意将儿子的器官捐出。四个小时后，尼古拉的心脏移植给了一个患先天性心肌畸形的 14 岁孩子；一对肾分别使两个患先天性肾功能不全的孩子有了活下去的希望；一个 19 岁的濒危少女，获得了尼古拉的肝；尼古拉的眼角膜使两个意大利人重见光明；就连尼古拉的胰腺也被提取出来，用于治疗糖尿病……尼古拉的脏器分别移植给了亟须救治的六个意大利人。

"我不恨这个国家，不恨意大利人。我只是希望凶手知道他们做了些什么。"格林——这位来自美洲大陆的旅游者说，嘴角的一丝微笑掩不住他内心的悲痛。他的妻子玛格丽特的庄重、坚定、安详的面容，和他们四岁幼子脸上小大人般的表情，尤令意大利人感到震撼！他们失去了自己的亲人，但事件发生后他们所表现出来的自尊与慷慨大度，令所有人深感敬佩。

生活中的不幸如同一场风暴，它能将人摧残得支离破碎、身心俱疲。往往一场不幸，就能毁掉一个人的前程。但如果以宽容之心去包容伤害你的人，不纠结于以前遭遇的痛苦，以乐观的心态面对生活，不幸便会远离你。

孟子云："天将降大任于斯人也，必先苦其心志，劳其筋骨，饿其体肤，空乏其身，行拂乱其所为，所以动心忍性，曾益其所不能。"

有位年轻人从哈佛大学毕业后，进入一家石油公司工作，他被分配到一个海上油田工作。工作的第一天，工头便要求他在限定时间内登上几十米高的钻井架，将一个包装好的漂亮盒子送到最顶层的主管手中。他拿着盒子迅速登上又高又窄的舷梯。当他气喘吁吁地登上顶层后，主管在盒子上签了自己的名字，又让他送回去给工头。他一接到命令，连忙又快速地跑下舷梯，把盒子交给工头。但是，没想到工头草草签完名字之后，又原封不动地交给他，要求他再送回去给顶层的主管。年轻人看了看工头，却又不知道要如何发问，只得乖乖地跑上顶层。然而，主管这回同样只在盒子上签名而已，便又要他送回去。

年轻人就这样来来回回，莫名其妙地上下跑了两次，心里

相信自己确实能

隐约感觉到，这一切似乎是主管与工头故意刁难他。直到第三次，这个全身都被海水溅湿的年轻人内心已经充满熊熊怒火，不过他仍然强忍着怒气。当他第三次将盒子送来给主管时，主管这回说："把它打开。"年轻人将盒子拆开后，里面居然是一罐咖啡与一罐奶粉，这会儿他更加确定，这是主管与工头联合起来欺负他。接着主管又对他说："去冲杯咖啡吧！"这个命令一下，年轻人虽然很愤怒，但他还是忍住了。因为他想起了以前在学校时受到的教诲——"要感谢折磨你的人"。于是，他又返回去，快速地替主管冲了一杯咖啡。

主管在接到咖啡后，很高兴地对他说："孩子，你要知道，刚刚这一切，其实是一种训练！这叫作承受极限的训练，因为我们每天都在海上作业，随时都可能遇到危险，因此，工作人员都必须要有极强的承受力，才有法子完成海上的作业与任务。"主管接着说："恭喜你顺利地通过了测试。原本在你第四次经历测试的时候，我真担心你就此放弃，真高兴你能坚持下来。"

罗曼·罗丹曾说："只有把抱怨别人和环境的心情化为上进的力量，才是成功的保证。"就像上面故事里的年轻人，他的豁达为自己创造了成功的机会。如果这位年轻人不能以豁达的心态对待主管，他就不能品尝到成功的甜美滋味了。

白隐禅师是一位修行者，他持戒严谨，受到乡里的一致称颂，大家都认为他是一位可敬的圣者。有一对夫妻在他的寺院附近开了一家食品店。夫妻俩有一个漂亮的女儿，不经意间，他们突然发现女儿的肚子一天天地大起来了，不禁震怒异常。在父母的逼问下，女儿刚开始不说那个人到底是谁，但在经过一番苦逼之后，女儿吞吞吐吐地说出了"白隐"两个字。夫妻俩怒不可遏地去找白隐禅师理论，禅师只是若无其事地答道："就是这样吗？"

孩子生下来之后，夫妻俩怒气冲冲地将孩子送到了白隐禅师那里。这时候，白隐禅师已经名誉扫地，但是他不以为然，只是非常细心地照顾孩子——他向邻居乞求婴儿所需要的奶水和其他用品，虽然不免遭人白眼，但他总是处之泰然，仿佛他是受人之托抚养别人的孩子一般。

事隔一年后，那位没有结婚的妈妈终于不忍心再欺瞒下去了，于是便老老实实地向父母吐露了实情，其实那孩子的父亲是在某市工作的一名青年。于是，夫妻俩立即将她带到白隐禅师那里，向禅师道歉，请求禅师的原谅，并将孩子带了回去。白隐禅师依旧什么也没有说，只是在把孩子交给他们的时候轻声地说："就是这样吗？"仿佛不曾发生过任何事情。

白隐禅师可谓是真正品德高尚的人。生活中我们会经历磨难，会受到误解和诽谤，此时自怨自怜或自暴自弃毫无用处。其实，这些都不算什么，只是生活中匆匆一过的尘埃而已，太

相信自己确实能

在乎、看不开、放不下不仅无益于己，对自己的人生更没有丝毫帮助。

美国的励志大师戴尔·卡耐基说："也许我们不能像圣人那样去爱我们的仇人，可是为了自己的健康和快乐，我们至少可以原谅他们，忘记他们，这样做其实很聪明。"

是的，整天都把仇恨放在心里，只会让自己内心的伤痛越来越重，以至于难以愈合。这种难以忍受的伤痛，只会让我们变得疯狂，甚至失去理智。所以，在别人折磨你的心灵、打击你的精神的时候，你要微笑着面对磨难和不幸；在你处在人生低谷的时候，你也要相信总会峰回路转、柳暗花明。这样你的心性会受到历练，你的生活终会晴空万里。

如果你能够感谢曾经的伤害与打击，就会更加感恩帮助过你的人。当伤害成为一种鞭策，当感恩成为一种自觉，当我们真诚地包容他人时，我们的生活将会更加美好！

不羡慕别人，做独一无二的自己

有这样一个故事：

罗杰是一名出色的学生，他对法律、绘画都很有兴趣。毕业以后，他进入了一家律师事务所工作。工作了三年，他已经小有名气，可是他觉得做一名律师太累了，做画家又风光又轻松，于是就辞去了律师的工作，想去转行当一名画家。可是要做一名画家可不像他想得那么简单。他虽然对绘画有天赋，可是因为心浮气躁，他总觉得别人比自己出色，所以不能专心致志地绘画，因此他的画并没有引起人们的关注。就这样坚持了七年多，他的绘画事业仍然毫无起色，于是他放弃了成为画家的愿望，只好又重返律师行业。可是那时的律师市场已经差不多饱和了，他费了好大的工夫才进入了一家规模很小的律师事务所。由于他对法律方面的知识已经荒废了七年多，他在对法律案件的处理上已经远远不如以前了。他就这样默默工作了两年，最后那家律师事务所倒闭了，他也失业了。失业后他找了很多不同的工作，但都做得时间不长。罗杰就这样碌碌无为地

相信自己确实能

过完了自己的一生。

罗杰本来是很有前途的，不管在律师界还是在绘画方面，只要他能够认定自己的目标，并且专心致志地朝着这个目标迈进，可能都会成功。可是他好高骛远，否定自己，最终导致一事无成。

了解自己、懂得什么样的生活适合自己，什么样的人生是自己真心所求，成功才会真正向你走来。踩着别人的脚印走路，总在羡慕别人的心理阴影中彷徨的人，永远走不出自己的路。所以，不要跟在别人后面亦步亦趋，随波逐流只能失败。真正成功的人生，不在于成就的大小，而在于你是否努力地去实现自我，喊出属于自己的声音，走出属于自己的道路。

然而，自信并不是天生的，也不是任何人都具备的，现实中我们常常会迷失自己。

小华是一个 22 岁的大学毕业生，从事软件开发工作。他的周围是拥有名牌大学文凭、能力也很强的同事，相比之下，他总是感觉相形见绌，他总觉得自己是一只"丑小鸭"，没有出头之日。他在这样的灰暗心情中度日如年。一天，母亲寄来了一封信，在信中，母亲虽然询问了他的近况，但主要还是夸耀他哥哥最近所取得的成绩。他越发自卑，便想邀请他仰慕的一位同事聊聊，但同事漫不经心的傲慢态度更加伤害了他的自尊心。

小华晚上返回住处时，感到特别沮丧，刚到大门口，又碰见了房东。房东鄙夷地看着这个没有斗志的打工仔，并提醒他要按时缴纳这个月的房租。小华忍受着房东的冷嘲热讽，感到更加失落，一种绝望的感觉袭上心头。他觉得自己太笨了，于是就买张票回了家，从此闭门紧锁，不工作，也不见人。

不自信的小华是可怜的，他对自己没有信心，总是生活在别人的阴影下，所以感觉生活没有半点亮色。假如他足够自信，就不会发生这样的悲剧。

虽然社会上强者如林，但我们同样可以做出自己的成绩。不要总是和别人比，只要我们充分发挥自己的优势，扬长避短，并坚持不懈地努力，就一定能取得成功。

艾米是一个聪明活泼的孩子，但他的学习成绩一直都没能名列前茅过。每一次考试他都没能占上好名次，于是他灰了心。他的一位好朋友看到他在学习上毫无斗志，就问他："为什么没信心考好呀？"艾米摸摸头，不好意思地说："我脑瓜子没有你们灵，反正也考不好，费那劲儿干什么？"

艾米的好朋友听见了非常不赞同，意味深长地对艾米说："不是这样的，好成绩是靠努力学习取得的。"接着，他对艾米说："你呀，那么聪明，只要肯努力学习，就一定能行的，我们一起加油，一起比赛，好吗？"

艾米还是没信心，傻笑了一下，抱歉地说："谢谢你的好意，可是，我真的很笨，肯定考不好的，你别费劲儿了！"

相信自己确实能

"那为什么别人就能考好呢？"朋友急了，大声反驳。

艾米听了，思考起来："对呀，为什么别人就能考好，我就不能呢？"朋友告诉艾米："是因为你对自己没信心！如果你努力，肯定能行的，我为你加油！"

艾米甜甜地笑了，使劲地点了点头。接下来的日子里，艾米加倍努力，终于在考试中取得了好成绩，他自己倍受鼓舞，一个劲儿地对朋友说"谢谢"。从此，带着自信，艾米最终进入了他梦寐以求的大学。

试想一下，如果艾米一直没有自信，他能战胜其他的竞争对手吗？答案是否定的。可见，自信对一个人是多么重要。

一个人只有正确地估测自己，给自己找准位置，充满信心，做自己能做的和应该做的事，才有可能成为自己所希望的人。所以，要想做最好的自己，必须坚持自己的追求、个性和风格，根据自身的特长和爱好，尽力去获得最适合自己的理想人生。自信是成功的保障，只要相信自己一定会成功，所有的问题都可以迎刃而解。

成功要有好方法

第四章

合理安排时间，获得最大收益

伏尔泰的作品中曾经提到过一个谜语："世界上有一样东西，它是最长的也是最短的，它是最快的也是最慢的，它最不受重视却又最受惋惜。没有它，什么事也无法完成，这样的东西可以使你渺小得消失，也可以使你伟大得永续不绝。"这个神奇的东西是什么？对，它就是时间。

俗话说：时间就是生命，时间就是金钱。人要抓紧时间，在最短的时间内做出效率最高的事。这就需要合理地安排时间，提高效率，从而获得最大的收益。

我们经常看到这样的情况：某同学学习极其用功，在学校学，回家也学，时不时还熬夜，题做得数不胜数，但成绩却总上不去。遇到这样的情况，每个人都会十分着急。本来，有付出就应该有回报，而且，付出得多就应该得到很多回报，这是"天经地义"的事。但实际的情况却并非如此，这里边就存在着一个学习效率的问题。学习效率指什么呢？好比学一样东西，有人练十次就会了，而有人则需练 100 次，这就是效率的差别。

相信自己确实能

在工作中也一样。做事情的效率高低是衡量一个人能力大小的关键指标。试想一下，如果你的上司交代你去办一件事情，你是否会因为一件意外发生的事情而拖延你要去办的事情呢？如果你在做一件事情，尽管你把这件事情做得很好，但是花费了太长的时间，试问这又有什么用呢？你工作的质量可能达到了要求，可是你缺乏效率，那么你的工作还是做得不到位。

杰克和吉米同时到一个公司去应聘，可是岗位只有一个，于是老板要求他们在十天内进行一个受访人不少于200人的市场调查，并提交报告。杰克心里想着：反正还有十天，相关的事情在调查的时候一起做。而吉米在第一天就已经准备好了一切工作，之后数天就和一大群同事分头到各区热门地点进行调查，并与电话调查同步进行。吉米的办事效率很高，他白天到街头进行随机调查，晚上就转向电话访问，结果第七天就已经完成调查报告，提早给了老板一个惊喜，得到了这个工作岗位。而杰克由于事先没有做好各方面的安排，导致在调查的过程中出现了许多意外状况，很多事情杂乱无章，没有条理，于是他失去了这个工作机会。

这就是典型的合理安排时间，做事才有效率的例子。对于时间的安排我们要有主动性，就是要安排好做事的时间，而不是由事情来占满自己的时间。随着生活节奏的加快，越来越多的事情需要我们去做。我们要把休息时间和学习时间明确区分开来，有个界限。做好时间安排，效率就会提高。

人生很短，以至于我们还没来得及细细品味，生命已经在不经意之间匆匆而过。古人说："人生如白驹过隙，忽然而已。"

从浪迹天涯的公子哥到文坛才子、艺界名士，每当回首往事，李叔同内心会有数不清的感受，而最终至深的感叹就是"伤青春其长逝"。关于惜时，李叔同写过很多这方面的诗歌，一为自勉，二则用以警策青年学子把握青春、珍惜时光。其中最具代表性的就是《长逝》和《落花》。

《落花》是这样的：

纷，纷，纷，纷，纷，纷……

惟落花委地无言兮，化作泥尘。

寂，寂，寂，寂，寂，寂……

何春光长逝不归兮，永绝消息。

忆春风之日暄，芳菲菲以争妍。

既乘荣以发秀，倏节易而时迁。

春残，揽落红之辞枝兮，伤花事其阑珊；

已矣！春秋其代序以递嬗兮，俯念迟暮。

荣枯不须臾，盛衰有常数！

人生之浮华若朝露兮，泉壤兴衰；

朱华易消歇，青春不再来。

这首诗一开始就给人以一种时光飞逝之感，时光不以人的

相信自己确实能

意志为转移，一旦逝去就再也不会回头，"长逝而不归"。"荣枯不须臾，盛衰有常数"，这是自然规律，人的能力再大，也不可能改变，无奈与失落伴随而生，面对时光的匆匆流逝，我们只能在它面前无奈与叹息了。所以，人把握好这匆匆的时光，让人生绽放出光彩。

其实利用时间的窍门非常简单。鲁迅先生曾说："我只不过是在别人喝咖啡的时候也在从事写作而已。"运筹时间就是利用有限的时间来做无限的事情，而不是轻易让时间从指缝间溜走，空蹉跎了岁月。

在学习与工作中，只要珍惜时间，合理地安排时间，就能使自己在最短的时间内，取得最大的成效。一个人要想取得成就，就要把握住有限的时间，做时间的"主人"。

1901年，美国出现了第一个年薪百万美元的高级打工者——查理斯·施瓦伯。

施瓦伯出生在美国乡村，只受过短期的学校教育。15岁那年，他到一个山村做了马夫。三年后，他来到钢铁大王卡内基所属的一个建筑工地打工。一踏进建筑工地，施瓦伯就抱定了要做同事中最优秀的人的决心。当其他人在抱怨工作辛苦、薪水低而怠工的时候，施瓦伯却默默地积累着工作经验，并自学建筑知识。

在施瓦伯的同事中，一些人不时讽刺挖苦施瓦伯。对此，施瓦伯回答说："我不光是在为老板打工，更不是单纯地为了赚钱，我是在为自己的梦想打工，为自己的远大前途打工，我们只能在业绩中提升自己。我要使自己工作所产生的价值，远远超过所得的薪水，只有这样我才能得到重用，才能获得机遇！"

在某年夏天的一个晚上，施瓦伯又像往常一样躲在角落里看书，正好被到工地检查工作的公司经理发现。经理看了看施瓦伯手中的书，又翻开了他的笔记本，什么也没说就走了。第二天，公司经理把施瓦伯叫到办公室，问他学那些东西干什么。施瓦伯说："我想我们公司并不缺少普通员工，缺少的是既有工作经验又有专业知识的技术人员或管理者，对吗？"经理点了点头。

不久之后，施瓦伯就被升任为技师。后来，施瓦伯一步步升到了总工程师的职位。25岁时，施瓦伯成为这家建筑公司的总经理。39岁时，施瓦伯成为美国钢铁公司的总经理，年薪100万美元。而在当时，一个人如果一周能挣到50美元，就已经非常不错了。

查理斯·施瓦伯之所以能从一个普通的打工者成为年薪百万美元的成功者，是因为他有在业绩中提升自己的信念，并合理地利用了业余的琐碎时间，不断提升自己，从而获得机遇，使自己大受其益！

别以为这样的成功者离我们遥不可及，其实现实生活中能

相信自己确实能

够有效地利用时间的人有很多。

林玉是一家顾问公司的业务经理，一年能接下约130个案子，她的很多时间是在飞机上度过的。林玉相信和客户维持良好的关系很重要，所以她常常利用在飞机上的时间写信笺给客户。一次，一位同机的旅客在等候提领行李时和林玉攀谈说："我在飞机上注意到你，在两小时48分钟里，你一直在写信笺，我敢说你的老板一定以你为荣。"林玉笑着说："我只不过是在有效利用时间，不想让时间白白浪费而已。"

这就是有效地利用时间的好处。学习与工作是在时间中进行的，毋庸置疑，谁能更好地运筹时间，谁就能获得更多的进步，取得更大的成就。

世上无小事，杜绝眼高手低

从小事做起，难吗？难，真的很难。有这样一首童谣：

失了颗铁钉，丢了一只马掌；

丢了一只马掌，折了一匹战马；

折了一匹战马，损了一位将军；

损了一位将军，输了一场战争；

输了一场战争，亡了一个帝国。

一个帝国的灭亡，居然是因为一位能征善战的将军的战马的一只马蹄铁上的一颗小小的铁钉丢掉了。每次一点点的变化，最终酿成了一场灾难。

生活中的很多事看上去都是些微不足道的事，比如吃饭、穿衣、坐车、打球等等，它们是那么平常和普通，我们似乎已经习以为常。但生活中很多琐碎的事却烦扰着我们，我们经常会因为别人撞了一下自己而跟人家大打出手，也会因别人的一句玩笑话而怒气冲冲。这些其实都是小事，但对我们的生活却有着不小的影响。

相信自己确实能

我们的目标总是那么高远，当有人问我们的理想时，我们总会回答"以后当科学家、当大家、出国留学、拿诺贝尔奖"等等。目标远大是好事，可是我们不能眼高手低，对一些小事毫不放在心上。其实很多伟人就是从小事做起，才有后来的成就的。

达·芬奇在很小的时候就非常喜欢画画，于是父亲把他送到欧洲的艺术中心佛罗伦萨，拜著名的画家和雕塑家费罗基俄为师。费罗基俄是个非常严格的老师，学习的第一天，他让达·芬奇画蛋，让他横着画，竖着画，正面画，反面画。达·芬奇画了一天就厌倦了，但是老师一直让他画蛋，画了一天又一天。

达·芬奇心想，画蛋有什么技巧呢？于是他向老师提出了疑问。费罗基俄回答说："要做一个伟大的画家，就要有扎实的基本功。画蛋就是锻炼你的基本功啊。你看，1000个蛋中没有两个蛋是完全一样的。同一个蛋，从不同的角度看，它的形态也不一样。通过画蛋，能提高你的观察能力，你就能发现每个蛋之间的微小的差别，就能锻炼你的手眼协调能力，做到得心应手。"达·芬奇听后觉得很有道理，从此专心致志地学习画蛋，没有任何抱怨。他天天对着蛋练习，努力将各种绘画技巧融于其中。三年以后，达·芬奇找到了感觉，想画什么就画什么，画什么就像什么，最终成为一名出色的画家。

达·芬奇能够成为一名杰出的画家在于他的专心致志，他找准自己的爱好所在，并专心致志地画画，没有因为学画过程中的困难而放弃。在当今社会，有很多人都有绘画方面的天赋或者爱好，但他们却没有成为达·芬奇那样杰出的画家，很大一部分原因就在于他们不能专心致志，眼高手低，做事缺乏耐心。只有重视最细小、最微不足道的事，才能不因小失大。

俗话说："一屋不扫，何以扫天下。"关注身边的小事，把小事做好了，才能干成大事。成大事者必须经过长久的磨炼。如果你的能力不够，你就无法实现自己的梦想。真正的成大事者善于化整为零，从大处着眼，从小处着手。

有的人看上去好像是一举成功的，但如果你仔细研究他们的经历，你会发现他们都是从具体的小事做起的。由于定的目标很具体，并能按部就班地去做，所以目标就容易达到。

约翰是一位拥有出色业绩的推销员，他一直希望自己能跻身于最高销售业绩的行列中。一开始，这不过是他的一个愿望，他从没真正去争取过。直到三年后的一天，他想起了一句话："如果让愿望更加明确，就会有实现的一天。"于是，他当晚就开始设定自己希望的总业绩，然后再逐渐增加，这里提高5%，那里提高10%。结果，顾客增加了20%以上。这激发了约翰的热情。从此他不论碰到什么情况，都会设定一个明确的数字作为目标，并在一两个月内完成。"我觉得，目标越是明确，就越能感到自己对达成目标有股强烈的自信与决心。"约翰说。他的计划里包括"我想得到的地位、我想得到的收入、我想具

相信自己确实能

有的能力"，然后，他把所有的问题都准备充分，丰富的专业知识加上多方面的努力积累，他终于在第一年的年底使自己的业绩创造了空前的纪录，以后效果更佳。

约翰得出一个结论："以前，我不是不曾考虑过要扩展业绩、提升自己的工作成就，但是因为我从来只是想想而已，不曾付诸行动，于是所有的愿望都落空了。自从我明确设立了目标，以及为了切实实现目标而设定具体的数字和期限后，我才真正感觉到，强大的推动力正在鞭策我去达成它。"

老子有句名言："合抱之木，生于毫末；九层之台，起于垒土；千里之行，始于足下。"荀子也曾说："不积跬步，无以至千里；不积小流，无以成江海。"世界上很多成功的人都非常注重细小的事情。

美国著名作家赛瓦里德说："当我放弃我的工作而打算写一本25万字的书时，我从不让自己过多地考虑整个写作计划涉及的繁重劳动和巨大牺牲。我想的是下一段，不是下一页，更不是下一章如何去写。整整六个月，我除了一段一段地开始外，我没想过其他方法。结果，书自然写成了。"

"循序渐进"的原则对赛瓦里德写书起了重要作用，对你我也会一样。为了改写平凡的人生，我们一定要养成循序渐进的习惯，每天进步一点点，这就是成功的开始！

世界上最高的楼房也是从底层一层一层地建起来的，最广阔的海洋也是靠融进一点一滴的水而奔腾不息的。很多事都不可能一蹴而就，要经过很多细小的事情积累而成。所以，作为生活在社会中的我们，应该脚踏实地地走好人生中的每一步路，不忽视身边的一切细小而微不足道的事，或许它们将成为主宰我们命运的奠基石。

专心致志，朝目标前进

有位老师在课上讲了一个故事：

有人去买警犬，某地警犬要十万元，而另一地区的警犬要100万元。它们之间有什么区别呢？买主拿了一包海洛因给它们闻，然后把海洛因藏了起来。两条警犬同时被放出，同时找出了海洛因。

"它们相差不多嘛。"买主说。但卖警犬的人提议再试一次。同样是藏海洛因，但这次在路上出现了一条母狗。两条警犬被放出后，同样直奔海洛因所在地。区别出来了：十万元一条的警犬开始注意母狗，越跑越慢，并且与母狗亲热起来。而100万元的警犬狂奔至终点。可见，这两条狗确实有区别，那就是目标是否明确、能否经受住诱惑。

全神贯注地做事，全身心地投入到对目标的追逐中，往往是许多人不容易做到的。哈佛大学的有关专家做过调查，人与人相比，聪明的程度相差不是很大，但如果专心的程度不同，取得的成绩就大不一样。凡是做事专心的人，往往成绩卓著；

而经常分心的人，最终得不到满意的结果。一个人集中精力做一件事，就容易成功；如果一心二用，往往是一事无成。

所以，无论是在生活中，还是在事业上，都要学会专心致志，别让自己前进的步伐受到干扰。不要随随便便地放弃目标，更不要被道路中所出现的其他事物分散了自己的注意力。

我们不要忘了时刻提醒自己自己的目标究竟是什么，一旦为自己的人生确定好了方向，就要朝着它专心致志、坚持不懈地走下去，无论困苦艰难，都要全力以赴。

什么样的人最有前途？专心致志的人往往最有前途。所有的成功人士都有一个相似之处——做事专心致志。

勒韦是美国著名的医师及药理学家，在 1936 年荣获诺贝尔生理学或医学奖。勒韦 1873 年出生于德国法兰克福的一个犹太人家庭。他从小喜欢艺术，对绘画和音乐有一定的见解。但他的父母是犹太人，他们对犹太人深受各种歧视和迫害心有余悸，不断敦促儿子不要学习和从事那些涉及意识形态的行业，要他专攻一门科学技术。他们认为，学好数理化，走遍天下都不怕。在父母的教育下，勒韦进入大学学习时，放弃了自己原来的爱好和专长，选择了施特拉斯堡大学医学院。勒韦是一个勤奋的学生，他不怕从头学起，他相信专注于一必定会成功。他怀着这一信念，很快进入了角色，专心致志地学习医学课程。他在医学院攻读时，被一位导师的学识和专心钻研精神所吸引。

相信自己确实能

这位导师是著名的内科医生淄宁教授。在这位教授的指导下，勒韦的学业进步很快，深深体会到医学也大有施展才华的天地。从医学院毕业后，勒韦先后在欧洲及美国一些大学从事医学专业研究，在药理学方面取得了较大进展。由于他在学术上的成就，奥地利的格拉茨大学于 1921 年聘请他为药理教授，专门从事教学和研究。在那里他开始了神经学的研究，通过青蛙迷走神经的试验，第一次证明了某些神经合成的化学物质可将刺激从一个神经细胞传至另一个细胞，又可将刺激从神经元传到应答器官。他把这种化学物质称为乙醚胆碱。1929 年他又从动物组织中分离出该物质。勒韦对化学传递的研究成果是一项前人未有的突破，对药理及医学做出了重大贡献，因此，1936 年他与戴尔获得了诺贝尔生理学或医学奖。

你想成为一个有前途的人吗？那就学会专心致志吧。一旦确定了目标，就专心致志、一心一意地朝着这个目标前进，你终将有一个美好的前途。

时刻保持饱满的激情

有一位哲人曾经说过："要成就一项伟大的事业，你必须具有一种原动力——激情。"历史上任何伟大的成就，都可以称为激情的胜利。没有激情，你不可能关爱别人；没有激情，你不可能成就事业。缺乏激情的人，注定要在平庸中度过一生；而有了激情，你就能创造奇迹。

乔治·埃尔伯特指出，所谓激情，就像是发电机能使电灯发光、机器运转的一种能量，能驱动人、引导人奔向光明的前程，能激励人唤醒"沉睡"的潜能、才干和活力，激情是一股朝着目标前进的动力，也是从心灵深处迸发出来的一种力量。

一个心态乐观的人在生活中总是充满激情。如果你想让激情成为生命的主要推动力，就必须找到自己的"激情线"，并且好好地利用它。在我们生命的任何阶段，都可以以不同的方式追求不同的激情，发掘潜能，感受幸福。

我们可以有选择性地追求激情，让"激情线"穿梭于整个生命。当我们让激情融入生活时，我们就可以走出人生困境。

相信自己确实能

美国百货大王梅西就是这样一个很好的例子。

梅西于 1882 年出生于波士顿，年轻时出过海，后来开了一家小杂货铺，可杂货铺很快就倒闭了。一年后他另开了一家小杂货铺，仍以失败告终。在"淘金热"席卷美国时，梅西在加利福尼亚开了个小饭馆，本以为供应淘金客膳食是稳赚不赔的买卖，岂料多数淘金者一无所获，什么也买不起，这样一来，小饭馆又关了门。

可是，梅西对生活的激情丝毫没有减退，回到马萨诸塞州后，他满怀信心地干起了布匹、服装生意，可是，这一回他不只是倒闭，而是彻底破产，赔了个精光。不死心的梅西又跑到新英格兰做布匹、服装生意。他买卖做得很灵活，虽然头一天开张时账面上才收入 1108 美元，可是他依然保持着创业的激情，周到地接待每一位顾客，大家都能感受到他那种乐观的生活态度。就这样，他一点一点地奋斗，慢慢地积累财富。现在位于曼哈顿中心地区的梅西公司已经成为世界上最大的百货商店之一。

生活中一旦少了激情，我们的生命就会黯淡无光。当然，我们不可能每时每刻都处于兴奋状态，但我们所从事的活动、我们去的地方、我们见到的人，都可以引发我们的激情，让我们永远保持满腔激情。

美国有位有名的画家，被人们称为"摩西老母"。她在丈夫去世之后才开始画画，那年，她已 77 岁。在此之前，她从来没有学过画画。在画画的日子里，她忽然发现，自己可以得到莫大的享受，年迈的生命仿佛又焕发出了年轻的光彩。绘画成了她晚年的亲密伴侣，她几乎整个生命都与绘画融为一体，日积月累，从 77 岁开始，一直到去世，"摩西老母"一共画出了1600 多幅作品，她的亲戚朋友及画友都对她崇拜无比。"摩西老母"对他们说："我很快乐，也很满足，因为我用我的生命去完成每一幅作品。我的生命，是用来创造新的艺术作品的，过去是这样，未来也是这样。"她的不少作品赢得了专家的赞誉，在美国画坛也占有一席之地。

"摩西老母"像一个勇往直前的壮士那样激情洋溢地钟爱着她的绘画事业，追求着艺术的高峰，因而她才有了动人的画作。试想一下，若是"摩西老母"没有如火的激情，怎么会在垂暮之年取得斐然的成绩？

天下无难事，只怕有心人，只要抱有坚定的信念，不熄灭激情的火种，你就能取得优异的成绩，你就能征服世界上任何一座高峰。

无可否认，我们绝大多数人并不拥有足够的激情，我们总会在遇到挫折时感到沮丧，甚至一蹶不振。这种消极的情绪对我们的成功会产生极其有害的影响。所以，我们应当学会重拾激情，让自信与快乐重新回到我们身边。

发掘激情，包括接触可以激发激情的事物，是一种渐进的

相信自己确实能

过程，可以找到已被遗忘的激情，发掘到新的激情。在这个过程中，你必须面对自己的弱点——自我怀疑、恐惧——找到让激情燃烧的勇气。

甘·巴卡拉曾说过："不管任何人都会拥有热情，所不同的是，有的人的热情只能维持 30 分钟，有的人的热情能够保持 30 天，但是一个成功的人，却能让热情持续 30 年。"

当你的脚踩上加速器时，汽车便会马上产生一股动力，向前行驶。激情也理应如此。因此，你必须牢记：激情是动力，思想是加速器，而你的心是加油站。下面推荐一些保持激情的方法：

（1）努力使自己的生活每天都有所改变

成功的生活往往是一种冒险。即使这种冒险只是你决定去做一件以前没做过的小事，你也会发现，你的生活会变得更丰富、更有情趣，你会对生活更有兴趣，更加积极起来。冒险、尝试、探索都是为了寻找激情，成功的人永远不停止探索和尝试。

（2）突出自己的优势

对生活充满希望、对自己满怀信心的人永远都知道突出自己的优势，并把自己的主要精力用在自己的优势上。我们都有过类似的经历，当与别人一起交流时，如果涉及的话题是自己的特长，我们就会热情洋溢，滔滔不绝。因为那是自己的优势，涉及自己的优势，我们的豪情壮志便油然而生。在生活中，天才和全才毕竟是少数。因此，我们每个人都应该发现自己的优势，努力挖掘，不用多久，我们的自信心便会大增。

（3）告诉自己：一定要实现目标

大多数人虽然确立了目标，但是缺乏达成目标的激情和自信。反过来说，大多数人往往在事业上并不积极地全力投入，不寄予全部希望，所以在遇到困难时嘴上经常挂着这么一句"我做不到"。我们要充满斗志地想"这才是我唯一的工作"，这种信念非常重要，因为抱着自甘堕落的心理，绝不可能产生自信。

（4）坚定信念，放弃逃避的念头

在你内心的火种熄灭，你准备停止尝试的时候，那就是你失败的时候。欠缺自信的人，恐惧的阴影会越来越大；越是想逃避，它越是如影随形。这样你将终日与恐惧为伴，而越是被恐惧的乌云所笼罩，你的意志就会越消沉，成功的机会也就越渺茫。

罗斯福有句名言："现实中的恐惧，远比不上想象中的恐惧那么可怕。"大多数人在碰到棘手的事情时，只会考虑到事物本身的困难程度，也就产生了恐惧感。但是一旦实际着手时，就会发现事情其实比想象中要容易且顺利得多。所以，分析恐惧的原因，是克服恐惧的第一步。其实，那些使你不安恐惧的事物，说穿了并没有什么，你若将其仔细分析，你会发现你所畏惧的"幽灵"，原来真的不可怕。如果你保持着"大不了"的心理，做好"最糟糕大不了如何如何……"的万全准备，就会消除恐惧的阴影，产生自信心。

相信自己确实能

（5）保持乐观，改变自己的思考方向

你可曾有过这样的经验：一天下来，你感到不大开心，但突然有人对你说："我们出去逛逛吧。"你的心情立即开朗起来。改变思考方向，心境往往也会轻松起来。

在生活中要学会把自己的思考方向改变一下。如果你精神紧张是因为有项庞大工作必须在星期五完成，而你打算在星期六和朋友一起去购物。那么，就把自己的专注点由"星期五的工作"转为"星期六的寻乐"吧。多练习这种技巧，把痛苦焦虑的心情转化为积极解决难题的态度。

有什么命运是你不能改变的？有什么遭遇是你不能避免的？你是命运的奴隶，还是命运的主人？需要强调的是，你是自己的主宰，可以掌握自己的思想，更可以创造自己的人生。你若想扭转任何不利局面，最好的办法便是重新审视它，那么结果便会如你所愿。

记住：忧虑会使你陷入困境，而乐观会推动你向前。

认真思考，高效执行

工作中离不开执行力。质量重要，效率同样重要，业绩决定一切。因此，我们应该想办法把执行力转化为业绩，不只要学会苦干，还要学会巧干。

孔子曰："学而不思则罔。"思考帮我们辨明方向，少走弯路；思考是进步的台阶，为我们更好地工作打下基础；思考是一把钥匙，为我们打开智慧之门。

每天都有大量的工作需要我们去处理，如果不想成为工作的奴隶，最好的方法就是有计划地一步一步地去做。社会正越来越认可一个新的理念：做事要讲究效率和效益，老板重视的是你的功劳而不是你的苦劳，所以你必须把事情忙到"点子"上。

怎么忙到"点子"上呢？举个例子。历史上，英国的纳尔逊勋爵将战舰"T字形排列"的技巧发挥到极致。当一艘敌舰进入射程时，他迅速调集所有战舰对着同一靶点，一次只攻打一艘敌舰，以广泛、庞大而集中的火力迅速击沉它，结果大获全胜。所以我们在执行命令、解决问题时，应该像纳尔逊勋爵

相信自己确实能

对付敌舰一样，按照问题的轻重缓急排定先后顺序，然后集中全部的力量，一次只针对一个问题进行解决，我们将会发现这是最行之有效、最快捷的方法。

巴尔扎克说："一个能思考的人，才真正是一个力量无穷的人。"像蚂蚁一样只会勤奋工作而不会思考的人终将一事无成。因此我们要时时刻刻运用思考的力量，高效执行，提高效率，解决更多的问题。

斐寒司博士家养了只可爱的小猫。一天，博士在门前晒太阳，小猫也静静地躺在博士旁晒太阳。博士发现了一个奇怪的现象：每隔一段时间，小猫都会随着阳光的移动而不停地变换睡觉地点。小猫的这种现象引发了斐寒司博士的思考：猫为什么喜欢待在阳光下？是光和热的影响吗？猫的这一习性对人有没有作用？后来，斐寒司博士发明了日光治疗法。

花瓶碎了，一般人的做法是将其扔掉。丹麦科学家雅各布·博尔却从中发现了规律：最大碎片与次大碎片重量比是16：1，次大碎片与中等碎片重量比是16：1，中等与较小、较小与最小碎片重量比也是16：1。他想，这应该是瓦瓷碎片的一般规律。于是他将这个规律应用于考古和天文研究，根据此规律推测文物、陨石的残片的原状，使其恢复本来面目。

这都是思考的威力。

缺乏思考的人，对任何事情，都没有自己的想法，只能呆板地执行命令而缺乏应变能力；缺乏思考的人，其思想很难被提升到另一个高度，对事情的理解也会十分片面。

伟大的科学家爱因斯坦非常重视培养青少年勤于思考的习惯。他晚年住在美国普林斯顿一座简朴的木板房里。邻居有个十一二岁的小女孩，放学后，她时常来看望这位白发苍苍的科学家。爱因斯坦经常检查她的功课。有一次，小女孩拉着他的手亲昵地问："爱因斯坦爷爷，这道题怎么做？"爱因斯坦和蔼地说："孩子，要学会思考，不要一碰到困难就问别人。"有时，爱因斯坦也会对小女孩稍加启发："我给你指个方向，不过，答案还得用你的头脑去找！"

爱因斯坦自己在年少时就是个爱思考问题的孩子。他在14岁时能够自学几何和微积分，在自学中一旦遇到困难，他总是细心琢磨，反复思考，直到实在算不出来时才向别人请教："给我指个方向吧！"但是不等人家开口，他就提出要求说："不要把答案全部告诉我，留着让我思考！"当人们赞誉爱因斯坦对人类做出巨大贡献时，他笑着说："学习知识要善于思考，思考，再思考。我就是靠这个方法成为科学家的。"

我们现在工作的环境充斥着大量的信息，我们的大脑在人类历史上从未像今天这样需要处理如此多的信息，如此大的信息量给大脑带来压力，人们集中注意力的时间因此缩短，深度思考能力因而受到影响。我们接触到的大量信息都停留在表面，

相信自己确实能

注意力往往被分割成更小的一段一段的，通常只会机械地执行而牺牲了深度思考，这不利于高效执行。一位大企业家曾经说过：工作过于努力的人没时间去赚大钱。在我们周围，很多人都在抱怨："我工作太辛苦，简直没有时间去读书和思考。"这句话的意思是，满足生计的需求已占据了一切，以至于他没时间去考虑未来的机会。这也正是普通人与成功人士的区别所在。从某种意义上说，"懒人"往往比勤快人更适合做领导，一个重要的原因就是，他有时间思考，有时间"补养"，这在知识更新迅速的信息化时代体现得尤为明显。

假如你过于忙碌地工作而没有时间去思考你所做的事，你所将无法充分发挥你的潜力、展示你的才能。假如你过于专注于自己小小的领域，就不会知道其他领域也许对你目前从事的事有极大影响的信息。问题的关键也就在于此，除非你有时间广泛涉猎、认真思考，否则就很难提高办事效率、成就大的事业。

主动做事才能赢得更多的机会

在这个竞争相当激烈的社会中，我们也许会感到身心疲惫，惰性慢慢战胜了进取心，于是我们在生活中逐渐丧失了主动性。

没有主动做事的态度，你有再强的能力，意志也会消沉；没有主动性，你有再好的机会，机会也会与你擦肩而过。主动的精神是一个人前进的动力，是激发潜能的"特效药"。

美国康奈尔大学研究人员做过一个著名的"温水煮青蛙"的实验。研究人员把一只青蛙冷不防丢进煮沸的水里，这只青蛙在千钧一发的生死关头，用尽全力跃出了装满沸水的锅，跳到地面安然逃生。之后，他们使用一个同样大小的铁锅，这一回在锅里放满冷水，然后把一只青蛙放在锅里，并在锅底用炭火慢慢加热。这只青蛙在水里自由自在地游动着，享受着水中的"温暖"，却不知"死神"正在慢慢降临。等到它意识到水温已经超出它的承受范围，必须奋力跳出才能活命时，为时已晚，它只能痛苦地等待死亡的来临。

很多人如同第二只青蛙一样，看不到危机的时候，怡然自

相信自己确实能

得，从来没有紧迫感。他们不渴望进步，也不谋求发展，所以成功的机会自然不会降临到他们身上。当某天苦难突然降临，舒适的环境让他们的潜能彻底失去了活力，他们也就再无招架能力。

如果一个人安于现状，视平庸为正常状态，不想努力挣脱，那么在身体中潜伏的力量就慢慢会失去，他的一生便永远不能摆脱无为的境地。平庸本身并不可怕，可怕的是平庸的思想，以及认为自己命中注定平庸。一旦有了这种思想，也就永远走不出平庸的阴影。

钢铁大王卡内基曾经说过：有两种人绝不会成大器，一种是非得别人督促，否则绝不主动做事的人；另一种则是即使有人督促，也做不好事情的人。那些不需要别人催促，就会主动去做应做的事，而且不会半途而废的人，往往能自觉地、积极地努力，并能主动提出建议，开拓工作的新局面。

没有主动性的人往往做事拖拉，因为他们受到消极情绪的影响。

科学家表示，在一个群体当中，通常有15%～20%的人属于行动拖拉的人，而学生中拖拉的比例则会更高，甚至可能达到90%。加拿大卡尔加里大学的研究员皮埃斯·斯蒂尔表示："从本质上说，办事拖拉的人通常都缺乏自信心，他们不太相信自己能够完成任务。"

做事拖拉者有两类，一类是"激进型拖拉者"，他们总有自信能在压力下工作，喜欢把事情拖到最后一刻。另外一类是"逃避型拖拉者"，他们通常对自己缺乏自信，害怕做不好事情而迟迟不肯动手。无可否认，一个人如果进取心不足，在工作中抱应付态度，自然不会采取主动的态度。人只有付诸行动，才能为自己争取到更多的机会。

小陈大学毕业后进入一家著名的公司，他以为公司会把他安排在管理岗位上，却没想到自己被安排到车间做维修工。维修工作很脏、很累、很不"体面"。干了几天，小陈就开始抱怨："让我干这种工作，真是大材小用！""维修这活太脏了，瞧瞧我身上弄的！""真累呀，我简直讨厌死这份工作了！"每天，小陈都是在抱怨和不满的情绪中度过。他认为自己做这样一份工作是大材小用，因此他在工作中总是磨磨蹭蹭，能偷懒时就偷懒，能耍滑的就耍滑，随随便便地应付工作。转眼几年过去了，与小陈一同进厂的另外两名员工，一位成了车间主管，一位成了公司的部门经理，唯有小陈仍旧在抱怨声中做他的修理工。

小陈这种工作态度是最忌讳的，一个不负责任的人往往缺乏主动性，并会找很多借口为自己辩解。你要想进步，要想有更好的发展机会，就要学会主动，学会分析思考，学会解决问题。那些成功的人并不都是高智商的人，而往往是有主动性的人。

俗话说得好："干一行，爱一行。"你只有端正了自己的工作态度，才会为自己赢得成功的机会。

让心灵自由翱翔

第五章

只有正确认识自己，才能更好地发展自己

　　一位西方学者指出：人类并不像最新型的汽车那样自生产线上生产出来。人们各具有不同的体型、外表与肤色，彼此具有很多细微的不同之处。我们每一个人都与别人不同——而且也未限定我们应该一致遵守的共同标准。所以，独一无二、与众不同的你应该找准自己的位置，做自己该做的事，这样才能获得理想的人生。

　　1888 年，法国巴黎科学院发起关于"刚体固定点旋转"问题有奖征文。有趣的是，征文规定作者除提供论文外，还必须附一条格言。因为，知识和人格是科学事业腾飞的双翼。在许多应征的论文中，有篇论文所附的格言格外显眼，极富哲理："说自己知道的话，干自己应干的事，做自己想做的人。"这句名言出自 38 岁的俄国女数学家苏菲·柯瓦列夫斯卡娜之手。她实现了自己的格言："做自己想做的人。"在妇女处于被压迫、被奴役的悲惨地位的 19 世纪，她成了走进法国巴黎科学院大门

相信自己确实能

的第一位女性，成为数学史上第一位女教授。

无独有偶，美国加州伯克利分校物理系人才济济，在半个多世纪的时间里出现了 7 名诺贝尔物理奖得主。人们探究其奥秘时，系主任说："物理系教授和学生的原则是：做自己想做的事，不做别人让你做的事。"

西方有这样一句谚语："如果一个人知道自己想要什么，那么整个世界都会为之让路。" 人年轻时往往认为没有自己办不到的事，什么都想去尝试，经过挫折后方明白，原来人的能力是有限的，一个人不可能样样都行，要知道自己能干什么和不能干什么。

如果一个人不知道自己应该站在哪个位置，不知道自己想要的究竟是什么，那么全世界都会成为他前进道路上的阻碍。很多人热衷于收集名人的成长故事、成功经验，希望模仿成功人士的行为，寻求到属于自己的成功之路，但是事与愿违，这其中的大部分人都生活得一塌糊涂。他们足够用心、足够努力，却失败了。一个重要的原因在于，他们不知道应该如何为自己定位，由于对自我理想、自我价值的不明确，导致他们会对任何一句话动心，认为适合别人的方法都适合自己，向往任何一个行业，刚放下一本名人传记就决定轰轰烈烈做一番大事，接着看了一篇哲理故事后又觉得做个平平凡凡的人也未尝不可。

认识自己很重要，但认识自己并不是一件容易的事情。在工作中，你也许会经常这样感叹："我越来越迷茫了，越来越不知道自己能做些什么了。我的理想在哪里，我的目标在哪里，我都不知道。我只知道按部就班地上班、下班,浑浑噩噩地生活。没了激情，没了希望，我这一生就这样完了。"放慢一下脚步，审视一下你自己：你找到自己的位置了吗？与其忙忙碌碌而一事无成，不如先停下来看清楚自己。

真正埋没自己的，永远只会是你自己。有些人总说自己不成功，总抱怨自己的机遇不好。怨天尤人没有用，为什么不成功，应该从自己身上找原因。你真正认识你自己吗？你根据自身的特点和优势去做事情了吗？还是盲目地看见别人做什么，自己就做什么？很多人不成功，最大的原因就是没有真正地认识自己，走了很多弯路，到头来发现这条路不适合自己，于是，又走回来。可见，清楚地认识自己，对人生至关重要。

每个人都有自己的优点，如果不能认识自己，不知道究竟什么是自己擅长的，就会在命运的"迷宫"中左冲右撞而误了一生。认识自己并不容易，比如充分了解自己智力的高低、自己的优势劣势、自己究竟能够完成多大的事业、自己能够胜任多重的工作、自己应该从事哪个职业，这些实实在在的问题都直接关系到一个人事业的成败。一个人如果能够认识自己，就会最大限度地发挥自己的智慧，走向成功。

英国著名诗人济慈本来是学医的，后来他发现自己有写诗

相信自己确实能

的才能，就当机立断，用自己的整个生命去写诗，从而为人类留下了不少不朽的诗篇。马克思年轻时曾想做一个诗人，也努力写过一些诗，但他很快就发现自己的长处其实不在这里，便毅然放弃了做诗人的打算，转到社会科学的研究上面去了。如果他们不能认识自己的优势，那么英国不过多了一位平庸的医生济慈，德国也不过增加了一位蹩脚的诗人马克思，而在英国文学史和国际共产主义运动史上则要失去两颗光彩夺目的明珠。

每个人都有自己的智慧，你认识了自己，就知道自己该去做些什么，这样才能慢慢地走上成功的道路。

每一个人都有自己的才能，只是有些人怯于或者懒得去发现它。一个人如果不相信自己，就不可能挖掘自我潜能。相信自己是发展自己的基础，发展自己是心理健康的标志。怎么才能正确地认识自己、发展自己呢？请认真思考如下问题：

（1）我能做什么？

很多人不知道自己能够做什么，有时候觉得什么都能做，有时候又觉得什么都做不了。你能做什么，是基于你对自身能力的认识。人要想生存，就必须具备一定的能力。比如，你的外语很好，这就是你的能力，你可以做翻译、外语教师等；你能说会道，你可以做销售等。人生在世，必须培养一项或几项基本技能。如果你把这个问题弄清楚了，在求职的时候，就能够少走些弯路。

（2）我应该做什么？

人不能满足于现状。如果你只想碌碌无为地活下去，那你就没有必要考虑这个问题了；但如果你想活得更好，你就要仔细考虑这个问题。在你力所能及的基础上，你还应该做些什么来提升自己、发展自己呢？比如，你口才很好，那么你甘心只帮别人卖一辈子的房子吗？你是不是应该在和客户打交道的时候，不断积累资源，不断扩展自己的关系网，条件成熟的时候，自己开一家房地产公司？你唱歌唱得好，难道你仅仅满足于在酒吧里唱吗？难道你就不想出自己的唱片？人，一定要多想一步，计划长远。

（3）我喜欢做什么？

这个问题是基于一个人对幸福的追求而设。很多人可以成功，但他们并不幸福。成功和幸福是两码事。你拥有巨大的财富，你拥有显赫的声名，可是你做着自己不喜欢做的事情，你的精神在遭受着折磨，那么你还有什么幸福可言？你虽然只是一个普通的画家，但你能够养活自己和家人，把画画作为你一生的兴趣和追求，你活得就很充实。找对了自己的位置，只要你努力下去，你不但可以成功，也可以得到幸福。

如果前面两个问题你都回答好了，就可以进一步想想第三个问题。最好的结果莫过于这三个问题的答案都一致。如果你真的想快乐，想轻松，想幸福，那么，就赶快认清自己，并且

相信自己确实能

利用你已有的条件，做你自己喜欢做的事情吧！

　　人可贵的是时刻清楚自己的位置，清楚自己的局限性，认清自己的不足，同时保留自己的那一份真诚，放飞自己的那一份梦想，继续自己的那一份追求。唯有如此，我们的生活才能更加充实。

调动正能量，相信你的与众不同

每一朵雪花都是独一无二的，没有任何两朵雪花是一样的。我们的指纹、声音和 DNA 也是如此。因此可以肯定，我们每一个人都是独一无二的。心理学家指出，生理特征绝不是我们独一无二的原因，它不能正确地把人引进独一无二的自我感觉中。使你区别于其他人的，是你的精神面貌。

假如我们去研究、分析一些有成就的人的奋斗史，我们可以看到他们有扬长避短的智慧，他们的意志坚定到任何困难险阻都不足以使他们怀疑自己。因此，他们能够做到所向无敌。

我们每个人都有自己为人的准则，我们常常把自己的行为同这个准则进行对照。尽管我们知道没有完全和我们一样的人，但我们还是习惯于将自己与别人进行对比，并据此去指导自己的行动，把他们作为标准来衡量我们自己。但是，别人取得的成功似乎是我们无法复制的，因为他们具有我们无法拥有的优势。别人有别人的才干，我们有我们的才干。我们人人都有与众不同的优势，我们往往在比较中无形地忽视了自己的激情、

相信自己确实能

耐力、交际才能等。

我们应该有"天生我材必有用"的自信，明白自己必定有不同于别人的优势。如果我们不能充分发挥并表现自己的个性，这对于世界、对于自己都是一个损失。因此，如果我们想提升自己，就应该首先改变对自己的看法，不然，我们自我改造的全部努力便会落空。缺乏自信常常是人性格软弱、事业不成功的主要原因。

有一个美国医生，他以擅长面部整形手术闻名。他创造了许多奇迹，经整形把许多丑陋的人变漂亮。他发现，某些接受手术的人，虽然为他们做的整形手术很成功，但他们仍找他抱怨，说他们在手术后还是不漂亮，说手术没什么成效，他们自感面貌依旧。后来，这位医生悟到这样一个道理：美与丑，并不在于一个人的本来面貌如何，而在于他是如何看待自己的。如果一个人自以为是美的，他就会真的变美；如果他心里总是嘀咕自己是个丑八怪，他果真就会变丑。一个人如果自惭形秽，那他就不会变成一个美人；同样，如果他不觉得自己聪明，那他就成不了聪明人；如果他不觉得自己心地善良，那他也成不了善良的人。

所以，调动起自己的正能量，你才会把自己的优点发扬光大。

有这样一个故事：

心理学家从一个班的学生中挑出一个最不招人喜欢的姑

娘，并要求她的同学们改变以往对她的看法。在一个风和日丽的日子里，大家都争先恐后地照顾这位姑娘，向她献殷勤，送她回家，大家以假作真地从心里认定她是位漂亮聪慧的姑娘。结果怎样呢？不到一年，这位姑娘出落得很漂亮，连她的举止也同以前判若两人。她高兴地对人们说：她获得了新生。确实，她并没有变成另一个人，然而她的身上却展现出别样的美。

许多人以为，信心的有无是天生的。其实并非如此。童年时代受人喜爱的孩子，从小就感觉自己是善良、聪明的，因此才获得别人的喜爱。于是他就尽力使自己的行为名副其实，使自己成为那样的人。而那些不得宠的孩子呢？人们总是训斥他们："你是笨蛋、窝囊废、懒鬼，是个游手好闲的东西！"于是，由于他们认为自己真的一无是处，在这样的心理阴影下，他们就无法养成良好的习惯。

人生如同一场战斗，只有成功与失败。我们不能向失败俯首称臣。真正的强者，不会把主要精力放在如何战胜别人上，而是聚焦于如何发展、完善自己的优点上。在这种积极的心态下，完善自己自然就不是问题了。

坚持下去，胜利就在眼前

古贤云：板凳要坐十年老，文章不写半句空。这是一种做学问的精神，也是一种人生的态度。人生路途虽然漫长遥远，但是只要我们踏踏实实、认认真真、一步步地走，最终定会把胜利的旗帜插上我们人生的最高峰。

所有人都会有身处逆境的时候，逆境是生活中不可避免的一部分。但是如果你知道你要往哪里去，并有强烈的动机到达那里，你就有战胜困难、摆脱逆境的信心。你必须牢记你的目标，并告诉自己："值得为这个目标努力，再试试看。"你必须相信，现在就放弃太早了！如果你有坚持不懈的毅力，并怀着满腔的热情，你可以到达任何你想到达的地方。

水滴石穿的道理相信大家都懂。水滴的力量是微不足道的，石头坚硬无比，但是水滴却能穿石，因为它目标专一、持之以恒。如果我们做一件事也能像水滴那样坚持不懈，那么成功的大门将最终为我们开启。

荀子说：锲而舍之，朽木不折；锲而不舍，金石可镂。每个人都渴望成大器，每个人也都有成大器的信念，但是遍观现实社会，最终心想事成者屈指可数，因为很少有人能坚定目标、持之以恒。我们要明白，值得追求的东西很多，如果什么都想要，就什么也得不到。只要选定一个目标，盯紧它，全力追赶它，不受其他事物的诱惑，我们达成心愿的可能性将大大提高。

法国有一名记者叫博迪，年轻的时候，他因一场重病导致四肢瘫痪，全身唯一能动的只有左眼，可是，他决心要把自己在病倒前就构思好的作品完成。

博迪只会眨眼，所以就只能通过眨动左眼与助手沟通，逐个字母地向助手背出他的腹稿，然后由助手抄录下来。助手每一次都要按顺序把法语的常用字母读出来，让博迪来选择，当她读到的字母正是文中的字母时，博迪就眨一下眼表示正确。由于博迪是靠记忆来判断词语的，有时不一定准确，经常需要查辞典，所以每天只能录一两页。可以想象两个人的工作是多么艰难！几个月后，他们历经艰辛，终于完成了这部著作。为了写这本书，博迪共眨了20多万次眼。这本不平凡的书有150页，名字叫《潜水衣与蝴蝶》。

只有坚持，你才能坚守目标，努力不懈直到成功。只有坚持，你才能坚定地执行计划。只要有决心、有毅力，任何困难都无法阻挡你成功，坚持终究会引导你一步一步走近目标。

坚定信念，主宰自己的人生

我们应该学会自己做出决定，也许我们的决定是错的，但我们可以在失败中成长。

我们常常在复杂的环境中感觉无所适从，有许多事也许我们自己可以决定，但我们希望别人来替自己做出选择。这是一种逃避的态度。研究表明，总是由别人代替自己做决定的人往往缺乏判断和选择的能力，而且缺乏责任感，甚至不知道如何对自己负责。

美国通用电气公司前首席执行官杰克·韦尔奇被人们称为"全球第一CEO"。他有句名言："所有的管理都是围绕'自信'展开的。"凭着自信，在担任通用电气公司首席执行官的20年中，韦尔奇显示了非凡的领导才能。韦尔奇的自信，与他母亲对他的教育是分不开的。

韦尔奇小时候患有口吃症，说话口齿不清，经常被笑话。韦尔奇的母亲常对韦尔奇说："你很聪明，没有任何一个人的舌头可以比得上你聪明的脑袋。"于是从小到大，韦尔奇从未对自己的口吃有过丝毫的忧虑。因为他从心底相信母亲的话：

他的大脑比别人的舌头转得快。在母亲的鼓励下，口吃的毛病并没有阻碍韦尔奇学业与事业的发展。而且注意到他这个弱点的人大都对他产生了敬意，因此他在商界中脱颖而出。

韦尔奇从小酷爱体育运动。读小学的时候，他想报名参加校篮球队。当他把这个想法告诉母亲时，母亲鼓励他说："你想做什么就尽管去做好了，你一定会成功的！"于是，韦尔奇参加了校篮球队。当时，他的个头比其他队员都矮。然而，由于充满自信，韦尔奇对此始终都没有丝毫的觉察。直到几十年后，在一次翻看队友的照片时，他才发现自己当时是那么矮小。正是母亲的培养，使得韦尔奇从未因自己的缺点感到自卑。相反，他用信心铸就了成功的基石。在短短 20 年间，这位商界传奇人物使通用电气公司的市场资本增长了 30 多倍，达到了 4500 亿美元，排名从世界第十提升到第一。他所推行的"六个西格玛"标准、全球化和电子商务，几乎重新定义了现代企业。

在一般情况下，大部分人是能够正确地评价自己的，也相信自己拥有某种潜能，但一遇到困难，很多人就容易动摇，失去了前进的动力。其实，不是因为有些事情难以做到我们才失去自信；而是因为我们失去了自信，有些事情才显得难以做到。很多时候，失败与成功往往只有一步之遥，我们所需要的不过是鼓起勇气，坚定自己的信念。

有一次，小泽征尔参加了一个世界优秀指挥家大赛。决赛

相信自己确实能

中，他按照评委会给的乐谱指挥演奏。演奏时，他敏锐地发现了不和谐的声音。起初，他以为是乐队演奏出了错误，就停下来重新演奏，但还是不对。他觉得是乐谱有问题。这时，在场的作曲家和评委会的权威人士坚持说乐谱绝对没有问题，是他错了。面对一大批音乐大师和权威人士，他思考再三，最后斩钉截铁地大声说："不！一定是乐谱错了！"话音刚落，大赛的评委们全部起立，向他表示热烈的祝贺。

原来，"乐谱事件"是评委们精心设计的"陷阱"。他们想借此来检验指挥家在发现乐谱错误并遭到权威人士否定的情况下，能否坚持自己的正确主张。前两位参加决赛的指挥家虽然也发现了错误，最终还是因随声附和权威们的意见而被淘汰。小泽征尔却因充满自信，一举在大赛中夺魁。

一个人对自己有信心，方能使人信服。自信是人成才与成功的重要条件，是人不断进步的阶梯，是促人奋发向上的重要因素，能使人产生巨大的力量。这种催人向上的力量既是一种强大的驱动力，又是一种强大的自我约束力。

比尔·盖茨是一个商业奇迹的缔造者，是青少年心目中的偶像，也是一个懂得自己拿主意的人。盖茨出生于1955年，与两个姐姐一起在西雅图长大。他们的父亲是西雅图的律师，母亲是学校教师、华盛顿大学的董事以及国际联合劝募协会的主席。盖茨曾就读于西雅图的公立小学和私立的湖滨中学。在那里，他发现了自己在软件方面的兴趣，并且在 13 岁时就开始学习计算机编程。中学毕业后，盖茨很想到哈佛大学去读书，这也正是他父母最大的心愿。盖茨的父母没有像其他父母那样把孩子看作自己的私产。经过冷静思考后，父母放弃了让儿子当律师的想法，让盖茨在大学里自由发展。但三年后，更大的难题摆在了盖茨父母的面前：盖茨要离开哈佛，放弃还未完成的学业，与别人一起创办计算机公司！盖茨与父母多次交谈，表达了自己的想法。比尔·盖茨毅然离开了亿万学子向往的哈佛大学，开始在软件领域大展宏图。

哈佛大学是多少人梦寐以求的学府，而考上哈佛大学的比尔·盖茨却在大三时毅然决然地选择了退学。并不是所有人都有这样的决心和勇气，也只有下这样的决心和勇气，才可能成为非凡的人物！

未来是掌握在你自己手里的，很多问题别人无法代替你决定，包括你的父母。做自己的主人，拿定自己的主意，这样的你，将会成为一个有思想、有责任心、敢担当的人。你的未来你做主，未来就会掌握在你的手中。

调整好心态，不低估自己

　　每个人都有成功的潜能，关键在于正确认识自己、挖掘自己的潜能。很多人对自己没有信心，认为别人比自己要强很多。其实，你自己本身就有无限的力量，只是你没有充分利用而已。"有志者，事竟成，破釜沉舟，百二秦观终属楚；苦心人，天不负，卧薪尝胆，三千越甲可吞吴。"调整好自己的心态，充满信心、勇气和自信，你会发现，原来认为不可能办成的事也可以完成。

　　一日，拿破仑到部队中视察军情。走着走着，他忽然听到一阵紧急的呼救声从远处传来。拿破仑急忙向呼救的地方奔去。拿破仑来到湖边，看到一个士兵正在水里手忙脚乱地挣扎，离岸越来越远，岸上的几个士兵则惊惶失措地呼喊。拿破仑问身边的士兵："他会游泳吗？"一个士兵答道："他只能比划几下，现在已不行了。怎么办？"显然，大家都在为水里的士兵担心。拿破仑马上从侍卫手里拿过一支步枪，冲落水的士兵大声喊道："你再不向岸边游来，我就开枪了！"话音刚落，拿破仑真的端起枪，朝那人的前方连开了两枪。落水者听到枪响后，在惊恐中急忙调转方向，"扑通、扑通"地朝拿破仑所站的岸边游来。不一会儿，他便游到了岸边。落水的士兵得救了，他转过身子，正打算痛骂向自己开枪的人，却发现持枪站立者竟是拿破仑。他吓得魂飞魄散，不解地问："我不小心掉进湖里，就快要淹死了，您为什么还要朝我开枪？"拿破仑笑道："不吓你一下，你还有能力游上岸吗？那你才会真的淹死呢！"士兵们这才明白了拿破仑的良苦用心。

每一次挑战就意味着要面对一大堆困难，我们如果无法实现自我突破，无法认识到自己思维上的局限性，在面对挑战时就会十分吃力。

小丽第一次竞选班干部时，也像其他同学一样准备好了演讲稿，可看着同学们一个接一个地上去演讲，她越来越紧张。看着手中被自己捏得发皱的演讲稿，小丽不禁犹豫起来："我到底参加不参加啊？人那么多，如果名落孙山怎么办？同学们说不定会哄堂大笑。还是不去了，可不去，这稿子岂不是白写了吗？"几分钟后，老师说竞选已接近尾声，再不竞选就没机会了。此刻，小丽终于鼓起勇气，登上了台。结果，她的演讲换来了一阵阵掌声。最后，小丽竞选成功了。这时候的小丽明白了，机会是要自己去把握的，如果还没上台就被自己打趴下，那么怎么可能还有竞选成功的机会呢？

有时候比赛的胜与败并不在于对手的实力有多强，也不在于自己的能力有多强，而是在于自己能否战胜自己。一个人只有战胜了自己，才有机会去战胜别人。

拼搏是登上冠军宝座的阶梯，与自己拼一把、搏一回，也

相信自己确实能

许胜利就在眼前。大文豪托尔斯泰说过："大多数人想改造这个世界，却罕有人想改造自己。"事实上，我们每个人体内都蕴藏着巨大的潜能。"天生我材必有用，千金散尽还复来"绝不是一句空话。只要你调整好自己的心态，把自己的优点发扬光大，你就能实现自身价值，拥有更好的生活。

英国著名的赛车手理查·派克是赛车运动史上获得奖金最多的人。他第一次参加赛车回来时，兴奋地对母亲说："有35辆车参赛，我跑了第二。""你输了！"母亲毫不客气地回答。"可是，"理查·派克瞪大了眼睛，"这是我第一次参加比赛，赛车还这么多。""儿子，"母亲严肃地说，"记住，你用不着跑在任何人后面！"这句话给了理查·派克很大的鼓励。

在之后的岁月里，理查·派克凭借出色的技术称霸赛车界二十多年。他的许多纪录至今无人打破。当人们问他成功的原因时，他说他从未忘记母亲的教诲，是母亲在他为第二名沾沾自喜时给他提了个醒，帮他发现了他还有争取第一的潜能。正是这个信念一直鼓舞着他奔向更高的目标。

试想一下，如果理查·派克连争取第一都不敢想，他连自己都不相信，他能取得20年不败的光辉成就吗？永远都不要低估自己的潜能。你对成功的渴望有多大，你的信念有多大，你激发出的潜能就有多大。

创新是永远的追求

第六章

思考是行动的前提

科学家杨振宁指出：优秀的人并不在于有优秀的成绩，而在于有优秀的思维方式。不善于思考问题的人，没有能力去打倒对手，最终只会受他人左右。如果你善于思考问题，你会站得更高、看得更远。

人类社会是以思考为基础发展起来的，充分发挥思考能力是社会进步的关键。人类从未停止过对知识的探索，正因为人类以求知为动力，不断思考，才有文明和进步。

可怕的不是犯错误，而是不会思考。不论你从事什么工作，思考都将是你必备的能力之一。不要让你的思考被各种规则给限制住了，创意通常发生在你最意想不到的地方。

200 年前的一天，一位数学教师走进课堂，给四年级的学生们布置了一道题：从 1 加到 100。做这道题时，大多数学生都是把数字一个一个加起来：$1 + 2 + 3 + 4 + 5 + 6 + 7$……这会出现一个很长的演算过程。但不到五分钟，一个学生竟然交上了正确答案，答案是 5050。这位老师当时非常吃惊！这个孩子一定是个天才！这个学生就是卡尔·高斯。

高斯综观全局，发现，1 + 100=101，2 + 99=101，3 + 98=101……然后他判断从 1 至 100 的序列中有 50 个（100÷2）这样的数对，于是，他算出了从 1 至 100 之间的所有数字的总和是 101×50=5050。这就是为什么他能在五分钟内得到答案的原因。不仅如此，高斯还创造出了利用乘法而不是加法计算数的总和的方法，这就是著名的"高斯定理"。

思考会产生神奇的效应，只要你能同高斯一样，综观全局，深度思考，你就会取得卓越的成就。

思考是行动的前提，要想做得到，先要想得到。想到是思维的结果，在正确的思维指导下去行动是取得成功的关键。所以，做任何事情首先都要进行周密的思考，制定出相应的规划。想好后再行动才能有的放矢，让行动起到更好的效果。

不可能所有的事情都是一帆风顺的，遇到问题是正常的，人生难免遇到坎坷。当遇到问题的时候，有些人选择逃避，有些人则选择面对。如果一直选择逃避，那么问题永远在那里。尤其是对于处在竞争日益激烈的现代社会的人来说，面对来自家庭、工作各个方面的压力，每天需要处理的问题更多，更不能回避问题。

喜欢逃避问题的人是懒惰的，他们或许可以忍受身体疲惫，却不愿意思考。他们总是像机器人一样按照别人的指示去做。

这样的人能有什么大的成就呢？最多也就是一个规规矩矩的听话人，不可能开创美好的事业。

我们如果相信明天更美好，就不要计较今天所受的苦。愿意费心、善于思考的人，即使面前是铜墙铁壁，也不会停下前进的脚步。

成功者尤其善于思考，无论他们曾经多么穷困潦倒，他们都不屈从命运，他们始终相信美好的日子就在前面。

在面对问题的时候，不要烦恼，我们需要做的是尽快找到解决问题的办法。要相信，办法总是有的，而且总是比问题多。

由于游客增多，美国的摩天大厦出现了拥堵问题。为了解决这个问题，工程师决定再建一部电梯。当电梯工程师和建筑师在现场准备进行穿凿作业时，每天在这里工作的清洁工出来了。

"你们要把各层地板都凿开？"

"是啊！不然没办法安装。"

"那大厦岂不是要停业好久？"

"是啊！但是没有别的办法。如果再不安装一部电梯，情况比这更糟。"

"要是我，我就把新电梯安装在大厦外！"清洁工不以为然地说。

就这样，这个"不以为然"的"草根智慧"，成就了"观

相信自己确实能

光电梯"的雏形。

有人也许会问，论知识水平，工程师比清洁工水平高得多，但工程师为什么想不到这一点呢？说来也不奇怪。在工程师的心目中，楼梯不管是木的、混凝土的，都是建在大楼内部。如今要新增电梯，理所当然地也只能建在大楼内。清洁工的头脑中却根本没有这个限制。她所想的是实际问题：怎样使新建电梯不影响公司正常营业，她本人也不会失去工作？于是，她便很自然地提出把新电梯建在楼外的构想。

言者无意，听者有心。清洁工的一句话打破了工程师的思维习惯，激发了他们的创新思路。世界上第一座在大楼外安装的电梯就这样诞生了。

其实就是这样，问题总有解决的办法。当问题出现时，不要表现出遭了大难的样子，应当尽快考虑采取什么办法应对，不要被问题难倒。

约翰是凌志汽车在美国南加州的销售代理。海湾战争打响的时候，人们不再买凌志汽车了。约翰知道，如果人们因为社会动荡而不来购买汽车的话，那他的业绩将会下滑，他的收入也将受到严重影响。以前遇到销售量下滑时，通常的做法是在报纸和广播上做广告，等着人们来下订单。可现在这么做没有用。如果你是约翰，你会怎么做？

约翰是个销售能力出色的家伙，他想出了一个营销手段，从而改变了销售形势。约翰开着一辆新车到富人出没的地方——乡村俱乐部、码头、马球场、比佛利山和韦斯特莱克的聚会地——然后邀请那些富人坐到崭新的凌志车里兜一圈。

你应该可以想象得到，当你开完新车再回到自己的旧车里时，你会更加对旧车不满意。或许之前的旧车还不错，但是忽然之间，你知道还有更好的——你想要那更好的。当时，那些富人也这么想，在试驾过新车之后，相当多的人都购买或租了一辆凌志车。

约翰的营销手段在今天可能已经有些过时，不过在当时算是标新立异，结果是——他的汽车销量甚至高于战争爆发前。

在当时那个年代，遇到这种问题，如果还是局限于之前的营销手段，那业绩就肯定是日益下降。但约翰没有被问题难倒，而是找出了新的方法来解决，从而创造出了前所未有的业绩。

思考可以使人更成熟。不管我们拥有多少知识，如果不思考，那些知识也不能给我们以帮助，不能帮我们解决问题。只有思考，我们才能看到更广阔的天地，我们才能越来越进步。

如果你想成为成功的人，那么，不要觉得麻烦，一定要多思考。不要被困难打倒，要用心去改变自己的命运。

打破常规思维，换个角度想问题

人最大的敌人是惯性思维。每个人先前拥有的知识、经验、习惯，都会使他们形成认知的固定倾向，从而影响以后的分析和判断，形成"思维定式"，即思维总是摆脱不了已有"框框"的束缚。

思维定式是一种习惯，是已经熟练掌握的不假思索的反应行为和适应行为。如果你的成绩总是得不到提高，能力也长期未能得到提升，你就要反省一下，看看自己是否正受惯性思维的影响。想要提升能力、提高成绩，就必须从突破思维定式开始，换个角度思考问题。

有这样一个著名的试验：把六只蜜蜂和六只苍蝇装进一个玻璃瓶中，然后将瓶子平放，让瓶底朝着窗户的方向。结果发生了什么情况？蜜蜂不停地想在瓶底上找到出口，一直到它们饿死；而苍蝇则在不到两分钟内，穿过另一端的瓶颈逃逸一空。

蜜蜂基于出口就在光亮处的思维方式，想当然地设定了出口的方位，并且不停地重复着这种"合乎逻辑"的行动，它们才没有飞出"囚室"。而苍蝇则对所谓的逻辑毫不在意，全然没有向着亮光飞的"定式"，而是四下乱飞，终于逃出了"囚室"。这就是突破思维定式的好处。

美国心理学家迈克曾经做过这样一个实验：他从天花板上悬下两根绳子，两根绳子之间的距离超过人的两臂长，如果你用一只手抓住一根绳子，那么另一只手无论如何也抓不到另外一根。在这种情况下，他要求一个人把两根绳子系在一起。他在离绳子不远的地方放了一个滑轮，本意是想给系绳的人以帮助，然而尽管系绳的人早就看到了这个滑轮，却没有想到它的用处，没有想到滑轮会与系绳活动有关，结果没有完成任务。

其实，要解决这个问题很简单：系绳的人如果将滑轮系到一根绳子的末端，用力使它荡起来，然后抓住另一根绳子的末端，待滑轮荡到他面前时抓住它，就能把两根绳子系到一起，问题就解决了。实验中的人没有能够打破思维定式，如果能换个角度思考问题，相信他就能轻松地解决问题了。

伽利略是 17 世纪意大利伟大的科学家。他在学校念书的时候，同学们就称他为"辩论家"。他提出的问题很不寻常，常常使老师很难解答。那时候，研究科学的人都信奉亚里士多德，把这位 2000 多年前的希腊哲学家的话当作不容更改的真理。谁要是怀疑亚里士多德，人们就会责备他："你是什么意思？难道要违背人类的真理吗？"

相信自己确实能

亚里士多德曾经说过："两个铁球，一个十磅重，一个一磅重，同时从高处落下来，十磅重的铁球一定先着地，而且速度是一磅重的铁球的十倍。"伽利略对这句话产生了疑问。他想：如果这句话是正确的，那么把这两个铁球拴在一起，落得慢的就会拖住落得快的，落下的速度应当比十磅重的铁球慢；但是，如果把拴在一起的两个铁球看作一个整体，就有 11 磅重，落下的速度应当比十磅重的铁球快。从一个事实中可以得出两个相反的结论，这怎么解释呢？

伽利略带着这个疑问反复做了许多次试验，结果都证明亚里士多德的话的确说错了。两个不同重量的铁球同时从高处落下来，总是同时着地，铁球往下落的速度跟铁球的重量没有关系。伽利略那时候才 25 岁，已经成为数学教授。他向学生们宣布了试验的结果，同时宣布要在比萨斜塔上做一次公开试验。

消息很快传开了。到了那一天，很多人来到斜塔周围，都要看看在这个问题上谁是胜利者：是古代的哲学家亚里士多德，还是这位年轻的数学教授伽利略？有的人说："这个青年真是胆大妄为，竟想找亚里士多德的错处！"有的人说："等会儿他就固执不了啦，事实是无情的，会让他丢尽了脸！"

伽利略在斜塔顶上出现了。他右手拿着一个十磅重的铁球，左手拿着一个一磅重的铁球。两个铁球同时脱手，从空中落下来。一会儿，斜塔周围的人都忍不住惊讶地呼喊起来，因为大家看见两个铁球同时着地了，正跟伽利略说的一样。这时大家才明白，原来像亚里士多德这样的大哲学家说的话也不全是对的。

所以，我们不要迷信权威，而要学会用已有的知识去探索更多的奥秘，跳出思维定式，为认识真理而不断努力。

一家经营强力胶水的商店坐落在一条偏僻的街道上，生意很不景气。一天，这家店主在门上贴了一张布告："明天上午九点，在此将用本店出售的强力胶水把一枚价值4500美元的金币粘在墙上，若有哪位先生、小姐用手把它揭下来，这金币就奉送给他（她），绝不食言！"这个消息不胫而走。次日，人们将这家店铺围得水泄不通，电视台的录像车也开来了。店主拿出一瓶强力胶水，高声重复布告中的承诺，接着便在那块从金饰店定做的金币背面涂上薄薄一层胶水，将它贴在墙上。人们一个接一个地上来试运气，结果金币纹丝不动。从此，这家商店的强力胶水销量大增。

想想看：如果这家商店只是在电视、报纸上说自己的强力胶水如何如何好，会是怎样的结局？我们再来看另外一个有意思的故事：

在美国某城30公里之外的山坡上，有块不毛之地。这块地皮的所有者一直感叹偌大的地盘却卖不出好价钱。一天，他灵机一动，跑到当地政府部门说："这块地我无偿捐献给政府盖所大学如何？"当地政府如获至宝。不久，一所颇具规格的高

相信自己确实能

等学府就矗立在这片荒凉的土地上。这块地皮的所有者轻易地取得了政府的支持，在校门外修建了公寓、饭店、商场、影剧院，形成了大学门前商业一条街，街上的生意自然归这位老板经营。没用多久，地皮的损失就从商业街的营业收入中赚了回来，更重要的是，他还获得了一个长期获利的大市场。

如果这位地皮所有者不去换个方式，而是采用通常的方法寻求投资的回报，或等待高价出售，或自己开发经营，会是怎样的结局？

多动动脑筋，尝试看看能不能有超出常理的点子。长期下去，就会有出奇制胜的点子在你的脑海中闪现。不要轻易放弃尝试的机会，说不定你的成功就在此举。

敢于创新，才会有意外惊喜

当今竞争日益激烈，每个人都希望自己能有超强的本领，从人群中脱颖而出，登上成功的宝座，成为备受关注的对象。当然，要想真正成为出类拔萃的人物，光靠幻想与希望是没有用的，还需要敢想敢干，实现新的突破，这就离不开创新。

创新不是对过去的简单重复，它没有现成的经验可借鉴，也没有现成的方法可套用，它是在没有任何经验的情况下去努力探索。创新不能确定预期，难以人为寻觅，它的降临往往是突如其来的。创新能打破人的常规思维，为人创造性的思维活动开辟一个新的境界，是科学创造、艺术创作的"催生婆"。

马卡连柯花了30年工夫搜集、积累了丰富的创作材料，却一直难以下笔。后来高尔基来他家做客时说了一番话，使他茅塞顿开，创作了《生活之路——教育叙事诗》一书。

爱因斯坦曾回忆说，一天，他坐在伯尔尼专利局的椅子上突然想到一个问题：一个人自由落体时，会不会感到自身的重量？这个简单的思想实验正是他创立引力论的基础。

相信自己确实能

达尔文也曾回忆说："我能清楚地记得那个地方，因为，当时我坐在马车里，突然想到了一个问题的答案。"

数学家高斯也曾说过他求证很多年一直没有解决的难题，终于在两天内一下解开了。

人的思想的质变有两种形式：一是随着感性认识的不断积累、反复思考，渐进式地上升为理性认识；一是突变式的飞跃。创新属于后者，它一旦触发，就会使感性认识迅速升华为理性认识，从而出现惊人的飞跃，产生剧烈的裂变，迅速达到成功的顶点。

摩洛是个敢于创新的人，他不想一辈子都从事一项单调的工作，即使那份工作很好。于是，他不断在复杂的社会中探索，追求新的目标。他特别喜欢广告创意与设计这份工作，经过一番刻苦努力，他做得有声有色。然而，他没有满足于所取得的成就。20岁时，他放弃了在广告公司内很有发展前途的工作，毅然投身于未知的世界，从事创意开发。他的创意是说服各大百货公司在电视台做广告，成为纽约交响乐节目的共同赞助商。摩洛相信自己能够成功，因为他了解到当时的百货公司业绩都不好，都想借助广告媒体提高本企业的形象与销售业绩。还有，纽约交响乐节目的听众多达100万人，投资前景十分可观。

摩洛要做的就是为两边牵线，起到一个纽带的作用。在当时，人们对这种性质的工作相当陌生，所以他做起来十分困难。

而且，同时说服许多家独立的百货公司，并分别采纳各公司的意见加以整合，这种事过去从未有人完成过，更别说要他们拿出几百万美元的经费来。因此，大多数人预言：摩洛不可能成功。然而，摩洛坚信自己一定可以成功。他排除一切舆论干扰，集中精力在各地进行说服工作。最终，他的创意备受欢迎，与许多家百货公司签订合约，电视台也接受了他所提出的策划方案。此后的两个月，摩洛与电视台负责人一同展开广告制作活动。可是，就在即将步入最后的成功阶段时，由于合约内某些细节出现问题，最终导致计划流产。但摩洛被电视台聘为纽约办事处新设销售业务部门的负责人，薪水比以往高出三倍多。这样，摩洛再度活跃起来，内在的潜力得以继续发挥。此时，他只有20岁。

从摩洛的故事中我们可以看出，一个能够大胆创新的人会与众不同，他的人生也会闪闪发光。

"这里有三个小硬纸盒，其中一个盒子里放有三支蜡烛，一个放有三个图钉，另一个放着火柴。怎样做才能把三支蜡烛固定在墙上来照明呢？"

很多学生想：因为有蜡烛和火柴，点燃它并不是什么难事。但是，一听说要把蜡烛固定在墙上，大家就不知如何是好了。当然，因为有图钉，似乎可以想出办法来。我们假定可以用图钉插透细细的蜡烛，将蜡烛钉在墙上。但是，因为蜡烛紧贴在

相信自己确实能

墙壁上，即使是不易燃材料砌成的墙，蜡烛也会把墙熏黑……一想到这里，很多人就束手无策了。一般人通常会这么想：如果在墙上安装着蜡烛台的话，就没问题了，但用现有的工具根本不可能把蜡烛立起来。

心理学家认为，具备创新精神的人，使用现有的材料，就可以把蜡烛牢牢地固定在墙上。方法是这样的：首先把蜡烛和其他东西从小盒里拿出来，然后把图钉从小盒的硬纸内侧向外插，把纸盒钉在墙上。这样一来蜡烛台就有了。把蜡烛立在小盒上，即可照亮室内。

不错，听起来解决的方法再简单不过了。但是，刚一碰到这个问题的时候，大部分人往往是左思右想也没有解决办法。当听到结果时，他们才恍然大悟：原来是这样呀！

反应迟钝、墨守成规的人不可能有创新。我们只有积累了各方面的知识，并灵活用脑，才能创新。知识和思考是创新的基础。

几年前，日本南极探险队乘坐雪上汽车在南极大陆考察。南极天气严寒，气温通常在零下几十度。由于发生了一点儿小故障，他们乘坐的车子开不动了。所谓的故障是机器部件破损，可是车上没有备用的部件。在白茫茫的好像巨大的冰库似的南极，当然不会有别的车子路过。此地离营地有几百公里，用无线电呼救也很费时间，如果他们继续停在这里，很可能会被冻死。在大家都束手无策之际，队长命令大家在车上烧开水，然后把热水端到车外，把破损部件放在雪上，将热水泼在部件上面。水马上结成冰，部件破损处结成坚冰，再把部件安在机器上，车就开动了。他们就靠这冰冻的部件安全返回了营地。

这件事解决的方法可以说是冲破了一般人在普通状态下的思维定式。因为部件坏了，必须立即找备用部件，而部件是金属做的，没有备用部件就毫无办法了，这是一般人的想法。可是当你想到在零下几十度的严寒之中，冰比金属还要坚硬时，情况就不同了。打破常规解决问题，这就叫作创新。

并不是每个人都敢于对自己的人生做出很宏伟的规划。行动需要勇气和毅力，想法和规划同样需要勇气和毅力。敢想是敢做的前提，如果连想都不敢想，那谈何敢做？因此，我们在规划自己的人生目标的时候，一定要敢于创新，尽管创新的结果并不能保证每次都取得成功，甚至有时可能得出错误的结论。但是，不论取得什么样的结果，至少它能给人们提供以后少走弯路的教训。常规思维虽然看起来稳妥，但它的根本缺陷是不能为人们提供新的启示。所以要想有新的突破，就要有创新的意识，不管成败与否，都要大胆地尝试一下，说不定就会有意外的收获。

用自信激发创新潜能

　　到英国旅游观光的人一般都要前往温泽市参观市政府大厅，因为市政府大厅是一座有纪念意义的"嘲笑无知的建筑"。

　　在300多年前，英国一位名不见经传的建筑设计师克里斯长·莱伊恩幸运地接受了温泽市市政府大厅的设计任务。这位年轻的设计师充分利用自己丰富的工程力学知识和多年的实践经验，巧妙地设计了只用一根柱子支撑大厅天花板的方案。经过一年多的施工，市政府大厅交付验收。然而，市政官员却认为只用一根柱子支撑天花板保障不了大厅的安全，责令莱伊恩再多加几根柱子。莱伊恩坚信自己的设计，声称"用一根坚固的柱子足以保障大厅安全"，并列举相关实例据理力争。不料，他的固执与争辩惹恼了市政官员，他因此险些被送上法庭。

　　面对种种压力，莱伊恩陷入两难境地：坚持自己的主张，就意味着公然与政府官员作对；放弃吧，又有悖自己的准则。后来他终于想出应付这些愚昧无知的"权威人士"的两全之策。他请施工人员煞有其事地在大厅里增加了四根柱子，不过，这四根柱子并没有与天花板接触，其间留下的缝隙，人们站在地面上根本无法察觉。

时光飞逝，一晃 300 多年过去了。在 300 多年的时间里，市政府官员换了一批又一批，但谁也没有发现这个秘密，大厅的天花板也未曾出现任何险情，支撑天花板的柱子仍然是最初的那一根。直到 20 世纪 90 年代末，市政府在修缮大厅的天花板时，才发现柱子与天花板之间存在的缝隙，而且中央柱子的顶端刻有一行小字："自信和真理只需要一根柱子。"

试想一下，如果莱伊恩没有绝对的自信，他将会听从市政官员的说法，去推翻自己的设计。那么，这个旨在引导人们坚持真理、崇尚科学的建筑将会不复存在。

面对众人的质疑，面对权威的威严，坚持自己的做法并不容易。创新要有自信，更需要勇气，这样才能最大限度地挖掘自己的潜能。生意场上这样的例子也不胜枚举。

一般人都认为小女孩在六岁以后就会抛弃洋娃娃。但是罗兰不这么想，她认为 7~12 岁的女孩是一个被玩具商忽视的消费群体，而这里面蕴藏着数十亿美元的巨大商机。在推出面向这一年龄段女孩的娃娃和书的配套系列——"美国女孩"后，"美国女孩"以 8200 万个娃娃和 700 万本书的销量成为美国市场上仅次于芭比娃娃的第二大畅销玩具。这使罗兰更加坚定了自己要在玩具市场大展拳脚的想法。此后，她用一周的时间制作

相信自己确实能

了一份包括系列图书、娃娃服装样式、生产线等规划的内容详尽的商业计划书。在之后的四年里，只凭借邮寄广告目录和口口相传的方式，"美国女孩"的品牌价值就上升到7700万美元。为了扩大品牌影响力，罗兰和她的公司又推出婴儿娃娃和配套图书，同时，应孩子们的要求，她还制作了更时髦的娃娃，办了《美国女孩杂志》，出版了讲述怎样进行人际交往等知识的书籍。在随后的五年里，"美国女孩"的营业额以每年5000万美元的速度增长，最终达到了3亿美元。45岁的罗兰成为全美小女孩心中的英雄，也成为玩具业的一位商业巨人。

大胆的罗兰正是凭借着自信，敢于创新，才一次次地把握了商机。如果她的信念不坚定，只想从六岁以下的孩子身上赚取金钱，相信她是不会取得如此大的成功的。

一个摆冷饮摊的贫苦青年人经过近30年的奋斗，竟拥有了大小餐馆近400家、员工三万多人、年营业额在四亿美元左右的大企业。这虽不是空前绝后的成就，但也绝不是一般人能够办到的。

创造这一奇迹的是梅瑞特公司的创办人约翰·梅瑞特，从他的创业事迹中，我们可以发现不少"把小生意做大"的诀窍。

1927年6月，梅瑞特带着他的新婚妻子来到华盛顿。在这里，他与合伙人开了一家冷饮店。事实上，这个店只是在一家面包店里占了一个角落而已，只不过是个冷饮摊，而且只卖汽水。

　　由于全球经济衰退，没多久，他们的冷饮摊被迫关门。虽然冷饮摊倒闭了，但面包店来来往往的人很多，不管将来做什么生意，这里都是很理想的位置。所以尽管关门歇业了，梅瑞特还是照样付房租，由此也可以看出他要做生意的决心。

　　这一天，正是晚上下班的时候，面包店的生意特别好，大有应接不暇之势，受此启发，梅瑞特与妻子决定开一家快餐店。他推出的热食品有辣椒红豆、墨西哥薄饼、夹烤肉三明治等。

　　此外，梅瑞特还强调以"热"来表现特色。他煮了一大锅玉米汤，不时地掀开锅盖，热气从锅里涌出来，缭绕在店面上空，给人一种热气腾腾的感觉。尤其在冬天，这一招特别吸引人。

　　同时，这种小店的炉灶是跟店面连在一起的，梅瑞特把炉灶做成白色的，妻子则穿着时髦的衣服，围了条白色围裙，站在炉边烤肉，真是一幅很美的画。

　　在梅瑞特夫妇两人齐心合力的经营下，小吃店的生意红火了起来。

　　怀有雄才大略的梅瑞特，一看发展的时机来临，立即着手准备扩展的计划。先由妻子亲自主持训练厨师，他自己则一有空闲就到外面去勘察地点，以备将来增设分店。

　　这时候，美国仍在大不景气的阴霾笼罩下，豪华的餐厅一家接一家地倒闭，这种大众化的小吃店成为饮食业中的一枝独秀。再加上梅瑞特夫妇经营的小吃店别具特色，生意更加兴隆

相信自己确实能

了。到了 1932 年，梅瑞特公司所属的小吃店已增加到七家。

从事商业活动的经营者必须具有根据社会变化而变化的新思维和新观念，绝不能对日新月异的社会变化产生恐惧，而应有应对变化的自信，而且应有一套切实可行的应变计划，以备不时之需，使自己能够敏锐地把握住生活中那些稍纵即逝的机会。

培养怀疑精神，不迷信书本和权威

爱因斯坦说："提出一个问题往往比解决一个问题更重要，因为解决一个问题也许仅是一个科学上的实验技能而已。而提出新的问题，以及从新的角度看旧的问题，却需要有创造性的想象力，而且标志着科学的真正进步。在科学历史上没有一个已经完全解决了的问题，也没有一个永远不变的问题！"

人类的进步和发展是从怀疑开始的，有怀疑才会有问题。若没有人类对自然现象和社会问题的怀疑，也许我们遇上海啸、干旱等自然灾害，还以为是上天在惩罚我们。

丁肇中说过："不管研究科学，研究人文学，或者在个人行动上，我们都要保持一个怀疑的态度，这样才能求真。"的确，不论何时，我们都应有怀疑求真的精神，不能盲目地相信所谓的真理。现在我们正处于信息大爆炸的时代，大量的信息充斥在我们周围，难辨真伪。针对这种问题，我们首先要做的就是不盲从。

在课堂上，哲学家苏格拉底拿出一个苹果，站在讲台前说：

相信自己确实能

"请大家闻闻空气中的味道。"

一个学生举手回答："我闻到了，是苹果的香味！"苏格拉底走下讲台，举着苹果慢慢地从每个学生面前走过，并叮嘱道："大家再仔细地闻一闻，空气中有没有苹果的香味？"

这时已有半数学生举起了手。苏格拉底什么话都没有说，一分钟后他又重复了一遍刚才的问题。这一次，除了一个学生没有举手外，其他的全都举起了手。苏格拉底走到这个没有举手的学生面前，问："难道你真的什么气味也没有闻到吗？"这个学生肯定地说："我真的什么也没有闻到！"这时，苏格拉底向全班学生宣布："他是对的，因为这是一个假苹果。"这个学生就是后来大名鼎鼎的哲学家柏拉图。

培养大胆怀疑的精神是很重要的。其实每个人都可以做到这点，只要不盲从，肯去尝试，对一个问题刨根究底，就有可能发现新的知识。所以从根本上说，为了学会解决问题，首先要学会提问，善于提问。

著名数学家希尔伯特是一个想象力异常丰富、善于提出问题的人。在 1900 年第二届国际数学家大会上，他作了题为《数学的问题》的报告，提出了当时数学领域中的 23 个重大问题。这些问题后来被称为"希尔伯特问题"。它们的提出，有力地促进了数学的发展。为此，希尔伯特总结道："只要一门科学分支能提出大量的问题，它就充满着生命力，而问题缺乏，则预示着独立发展的衰亡或中止。"同样，正是黑体辐射和以大陆漂移假说为基础所提出的问题，导致了经典物理学的危机和现代地理学的诞生；"宇宙热寂"和"麦克斯韦妖"所提出的问题，促进了热力学和统计物理学的诞生……

提问题实际上是要人们不迷信书本和权威，不受传统观念的束缚，不人云亦云。提问题固然重要，但缺乏必要的知识、经验，缺乏应有的思维修养，是提不好问题的。所以，要想获得创造性的思维成果，除了应具备基础的知识、经验外，还必须具备相应的生疑提问的思维技巧。

（1）问原因

寻找到原因，就为解决问题提供了前提条件。每看到一种现象，每看到一种事物，我们均可以生疑提问，问一问产生这些现象或事物的原因是什么。一般说来，事物发展总是有因有果，因果是互相联系的。比如，当李斯特用微生物理论解决酒发酵的难题后，李斯特并未因此而止步。他进一步挖掘不使酒变酸的原因，他想道："如果说是细菌破坏了酒味，那细菌不也是外科中难以解释的致命原因吗？"沿着这个问题，他进行了不懈的研究，最后终于解决了外科灭菌的问题，造福整个人类。

（2）问结果

因果是紧密相连的，所以，问原因之后，也要思考一下结果，

相信自己确实能

想一想这样做会导致什么新的结果。在思考时，尽量不要受旧的事物结果的束缚，要敢于提出新的看法。甚至有时看起来很荒诞的看法，也可能会导致新的有价值的结果。

（3）问规律

因果有联系，因为事物是由规律决定的。找到这种联系，就找到了事物发展的规律。所以，通过问规律，也会获得有价值的创造性成果。

"大陆漂移说"的创立人魏格纳是德国的一名地质工作者。第一次世界大战时他应征入伍，作战负伤后被送到后方医院治疗。他住的病房墙壁上挂着一幅世界地图。他每天都会看到这幅地图。经过长久地观察，他突然发现了一个有趣的问题：为什么大西洋两岸大陆各自的弯曲状态（海岸线）如此相似呢？其中有什么原因呢？有什么规律可循吗？带着这个想法，他进行了潜心研究，终于探明了大陆构架的规律，并提出了"大陆漂移"这一崭新的理论。

（4）问发展

事物总是在发展的，所以，在思考问题时，我们可以运用上述技巧，设想某些事物的发展趋势。这样，也有可能产生新观念、新想法、新理论。

我们可以假设，当某一情况发生后，其发展趋势会是什么。比如，有人曾举例说，假设"世界上没有老鼠"，那世界将会发生什么变化，其发展结果会是什么？对此，可做如下推测：粮食损失将会减少；人类不会再为鼠疫担忧，不再制造捕鼠器和鼠药；动物界少了一种动物；衣物、家具不再被老鼠咬坏；没有做实验用的老鼠了；猫头鹰将会没了食物……同理，我们可以对客观世界的诸多变化进行上述推理性思维，做出有意义的推测，并从中寻找对我们有价值的信息和答案。

怀有好奇心，敢于冒险

为什么有的人能够有非凡的创意，而有的人的思维却总是如一潭死水？其中一个很重要的原因就是前者有一颗好奇心。好奇心促使人的思维能力不断提升，鼓励人去探索未知、发现未来。

你或许会想："什么是好奇心？"其实你的这种想法就是好奇心。当第一只森林古猿对在树上爬上爬下的生活腻了，而对陆地上的生存环境感兴趣时，它便爬下树，试探着走向林边的空地，这也是好奇心。是好奇心让地球有了高级生命；是好奇心让人类走向文明，让生命多彩；是好奇心让人们探索未知的领域，有更多的发现与收获。

很多著名的科学家都是在好奇心的驱使下，才迈出了探索世界的第一步。

1889 年巴黎举办世界博览会，主办方邀请爱迪生参加，但是他不愿意去。因为他不想浪费时间去参加会议，他想做很多事情，他害怕参加会议会让他没有时间做他想做的事情。但是，他最终还是选择了去，他想也许会有什么新鲜的事物发生，从而刺激一下他的大脑。

大家都对爱迪生的发明很感兴趣，而他却在那场博览会上遇到了法国的摄影家马雷博士，他对马雷博士的电影"摄影枪"很感兴趣。那是一种用一块圆形的玻璃和一个圆形的金属盘，在盘上配上快门，让两个圆形的物体向相反的方向旋转来摄影的东西。他非常好奇，想知道得更具体一些。马雷博士把他带到工厂，他看到了一种可以连续显示相片的装置，他意识到这是一个新鲜的东西，于是，一种新的发明——电影视镜出现了。

詹姆士·瓦特是英国近代著名的科学家、改良蒸汽机的发明者。他生于 1736 年 1 月 19 日，他的父亲是熟练的造船装备工人，后来经商。他的母亲出生于名门贵族，在瓦特幼年时代，母亲不仅教瓦特学习语文和数学，还培养他观察思考的兴趣和动手实践的能力。瓦特从小体弱多病，上学后，他不爱运动，时常独自沉思。有一次瓦特看到水壶的水开了，蒸汽把壶盖冲得"扑扑"地响，他盯着水壶盖看了一个小时，这是他第一次对蒸汽产生了强烈的好奇心。

瓦特因为身体不好，在文法学校没毕业就退学了。此后，他没进过正规学校。他在家坚持自学，钻研了天文学、化学、物理、解剖学等多门科学，还掌握了拉丁文、希腊文、法文、德文和意大利文。同时，他还经常向父亲工厂里的工人和技师学习技术，制作各种机械模型和进行化学、电学实验。

相信自己确实能

瓦特17岁时，父亲经商失败，家道衰落。他先是到一家钟表店学手艺，后来到伦敦学技术。他21岁时当修理工，后来结识了著名的化学家布莱克和物理学教授鲁比森，从他们那里学到许多科学理论知识。也是在这里，他开始了对蒸汽机的研究。

早在公元前2世纪，人类已经开始认识并利用蒸汽，到瓦特生活的时代，已经有"纽可门蒸汽机"。但这种蒸汽机燃料消耗量大、效率低，且只能沿直线运动，不能在各种生产部门广泛应用。瓦特总结了前人的经验，经过反复改革和试验，花了十年的时间，终于发明出了新型蒸汽机。

新型蒸汽机的广泛使用，推动了人类社会的发展。因为有着好奇心，才使得瓦特能够不断地探索，好奇心给了他走下去的动力。好奇心是发明创造的原动力，是探索未知的导航仪。

在剑桥大学，维特根斯坦是大哲学家穆尔的学生。有一天，罗素问穆尔："谁是你最好的学生？"穆尔毫不犹豫地说："维特根斯坦。""为什么？""因为，在我的所有学生中，只有他一个人在听我的课时，老是露出迷茫的神色，老是有一大堆问题。"罗素也是个大哲学家，后来维特根斯坦的名气超过了他。有人问："罗素为什么落伍了？"维特根斯坦说："因为他没有问题了。"

拥有一颗好奇心，在好奇心的驱使下，你会激发自己的灵感，实现前所未有的创新。如果一个人丧失了好奇心，失去了冒险的精神，凡事只求稳妥，那他将不会有进步，不会有激情，生命也会黯淡无光。

美国著名小说家、剧作家马尔兹在《活着不是为了痛苦》一书中指出："从根本上说，生活是冒险。" 所谓的冒险，并不仅仅是指征服自然，跨入未知的土地、海洋及宇宙。在人类社会，我们会和种种不合理的习惯势力、陈规陋习"狭路相逢"，如果我们坚持按照自己的意见行事，那么我们就在很大程度上冒了风险。甚至我们想要小小改变一下自己的生活方式，也在冒险之列。关键是看我们是否敢于试一试，是否能够把自己的想法贯彻到底。

每个人都希望能抓住一个机会，使自己生活得更好，如果我们从不冒险一试，而是随波逐流，那随时会来的风浪可能把我们淹没掉。而且，偶尔不按常理出牌，也可为生活增添新意。

冒险并不是要你做出什么抉择，而是不管遇到什么困难，你都要咬紧牙关，有一心要赢的决心。生活的趣味也缘于此。我们应该尽自己最大的努力去克服害怕冒险的心理障碍。这意味着我们要增强自己的信心，从生活的各个方面深化我们的整体感和大局观，加强判断力，使自己始终处于正确的前进方向上。

那么，该怎样克服害怕冒险的心理障碍，培养敢于冒险的精神呢？

（1）积极尝试新事物

在生活中，由无聊、重复、单调而产生的寂寞会逐渐"腐蚀"

相信自己确实能

人的心灵。消除一些单调的常规因素，有时会使我们避免精神崩溃。积极尝试新事物，能使一蹶不振、灰心失望的人重新恢复生活的勇气，重新把握住生活的主动权。

（2）尝试做一些自己不喜欢做的事

屈从于他人意愿和一些刻板的清规戒律，已成为缺乏自信的人的习惯，以至于他们误以为自己生来就喜欢某些东西，而不喜欢另一些东西。应该认识到，我们之所以每天都在重复昨天的生活，是由于我们的懦弱和没有主见。如果我们尝试做一些自己原来不喜欢做的事，往往会品尝到一种全新的乐趣，从而慢慢从旧习惯中摆脱出来。

（3）不墨守成规

缺乏自信的人缺乏安全感，凡事希望稳妥保险。然而，人的一生充满际遇，其中有许多偶然的因素在发生作用。有条有理往往并不能给人带来幸福，生活的"火花"往往是在偶然的机遇和奇特的直观感觉中迸发出来的，只有欣赏并努力捕捉这些转瞬即逝的"火花"，生活才会显得生气勃勃。

（4）要试着去冒一些风险

冒险是人类生活的基本内容之一。没有冒险精神，你就体会不到冒险本身对生活的意义，就享受不到成功的乐趣，也就无法提高自信心。自信在本质上是成功的积累。瞻前顾后、惊慌失措、避免冒险，无疑会使我们的自信丧失殆尽，更不用指望幸福快乐会慷慨降临。

（5）向自己挑战

卓有成就的人，更热心于倾注全部精力完善自己取得的成果，而不是一定要打败竞争者。实际上，担心对手的实力以及可能具有的特殊优势，往往会使自己在精神上先吃败仗。正因为常常向自己挑战的人能按自己的标准，满腔热情、全力以赴地去做力所能及的事，他们自然而然地倾向于依靠自己的努力，集中优势，在向自己挑战的同时，也增强了适应环境的能力。

戴尔·卡耐基说："要冒一次险！整个生命就是一场冒险。走得最远的人，常是愿意去做、愿意去冒险的人。"海伦·凯勒也有这样一句名言："人生要不是大胆地冒险，便是一无所获。"在很多情况下，强者之所以成为强者，就是因为他们敢为别人所不敢为。

成功要有好"人缘"

第七章

对人真诚、体贴

　　一个人的品行主要表现在他对待别人的态度上。一个体贴别人的人，总是设身处地为别人着想，不会让别人觉得紧张、拘束，更不会让别人觉得尴尬、难堪。

　　一次，费拉德菲尔城举办"读书和读者"会。当法利先生和其他演讲者到宾馆去吃午饭的时候，在走廊遇到了推着餐车的女服务员，餐车上放着桌布、毛巾和其他用具。其他人都绕过餐车走了过去，法利先生却向推着餐车的女孩走了过去，伸出手说："嗨，你好，我是詹姆士·法利。能告诉我你的名字吗？很高兴认识你。"女孩嘴巴张得大大的，显得十分惊讶，但是，她的脸上立即绽开了甜美的微笑。

　　法利先生在现实生活中取得了很大的成功，但是他在社交场合中却平易近人，善于营造舒适、自然、轻松的气氛，因此，很多人都很喜欢他。

　　一个平易近人的人很好相处，他的言谈举止都很自然，他也很会营造一种舒适、愉快、友好的氛围。一个表情僵硬、冷

相信自己确实能

漠的人，难以融入集体之中，这样的人，你不知道该如何和他打交道，你也难以揣摩他的内心世界，不知道他会对你的言行做出怎样的反应。

一个人不管学问有多大、地位有多高，最倍受尊敬的一定还是他随和的性格。钱钟书先生不但学识渊博，而且对任何人都给予百分之百的尊重。

有位曾陪护过钱钟书的阿姨在与人谈到钱钟书时，总是赞不绝口："有学问的人，待人真是好啊！真的！他心肠好，脾气也好，从不在我面前说半句重话。你想想，干我这个的，有啥地位呀，可他跟我说话时，极客气，十分尊重人，生怕刺伤我。即使痛得要命，他也忍着，生怕影响到我休息。不像有些人，有一点儿痛就不得了，能把好几个人支使得团团转。"

有一次，钱钟书的家人送葡萄来病房，陪护阿姨洗了一部分喂他，他一边吃一边看着碗。他吃了一小部分后，说什么都不肯再吃了。原来，他是想留下一些让这位阿姨吃，让她也尝尝鲜。

一天，钱钟书闭着眼睛躺在病床上。陪护阿姨以为他睡着了，就和进来查房的护士小声地聊了一会儿天。护士问阿姨为什么从外地来北京的医院当护工，阿姨说家里穷，正在盖房子，需要钱。当时，在北京做医院陪护的，一个月最多只挣五六百块钱。当天下午，钱钟书的夫人杨绛来到医院。钱先生忽然问她要钱："你能不能给我带3000块钱来？"杨绛奇怪地问："你要钱干吗？"钱钟书顿了顿，忽然用家乡话与杨绛说起话来。陪护阿姨当时在场，因没听懂他的家乡话，所以没在意他们说钱的事。第二天，杨绛再来医院时，拿了3000块钱给阿姨。阿姨惊奇地问："干吗给我钱？"杨绛指了指钱钟书笑道："他听说你家在盖房子，怕你缺钱，叫我拿来给你的。"

这位陪护阿姨感慨道："哎呀，我当时都不知说什么好，他是那样有心的一个人！最重要的是，他那么有名的一个人，竟然能这么尊重我，并没有小看这我这个护工，这种温暖让我感动一辈子。"

当你用诚挚的心去尊重别人，使对方感到温暖、愉悦，在精神上得到充实和满足，你就会拥有许多朋友，并获得最终的成功。

尊重与自己身份地位相同的人不难，难的是尊重所有人。尊重是以宽容的目光去看对方，并不苛求相同，而是正视相异。尊重是一种大智慧，能够让人在与他人相处的过程中得到他人的喜爱与帮助，从而获得成功。哈佛的教师在教导学生们要尊重别人时，往往会讲到一个业务员的故事：

有个业务员，工作是为他所在的公司拉客户，客户中有一个人开了家药品杂货店。业务员每次到这家店里去的时候，总要先跟柜台的营业员寒暄几句，然后才去见店主。有一天，他到这家商店去，店主突然告诉他今后不用再来了，他不想再买业务员所在公司的产品了，因为那家公司的许多活动都是针对

相信自己确实能

食品市场和廉价商店设计的，对小药品杂货店没有什么益处。这个业务员只好离开商店。

业务员开着车子在镇上转了很久，最后决定再回到店里，把情况说清楚。走进店里的时候，他照常先和柜台上的营业员打过招呼，然后再到里面去见店主。店主见到他很高兴，笑着欢迎他回来，并且比平常订了多一倍的货。这个业务员对此十分惊讶，不明白自己离开后发生了什么事。店主指着柜台上一个卖饮料的男孩说："在你离开店铺以后，柜台营业员走过来告诉我，你是到店里来的推销员中唯一会同他打招呼的人。他告诉我，如果有什么人值得我同其做生意，那就应该是你。"很明显，店主同意了这个观点，成了这个推销员最好的客户。

业务员在经历了这件事后，颇有感慨。他说："我永远不会忘记，关心、尊重每一个人是我们必须具备的品质。"

你如果想自己处处有好"人缘"，想使自己的人生更臻完美，那首先要对别人表示好感。请从今天做起，从现在做起，学会尊重和关心别人，多替别人考虑吧！

赠人玫瑰，手留余香

在西方，有这么一个传说：一个人招待了一群穿着寒酸的客人，客人离去后他才发现他们原来是上帝派来的使者。因此，很多父母教导孩子说，即使碰到衣衫破烂或长相丑陋的人也不要怠慢，要尽量尊重并帮助他们，因为他们有可能是上帝派来的天使。

我们常看到这样的事实：每一个事业有成的人，在成功的道路上都曾经得到过别人的许多帮助。因此，做人一定不能自私，不能心中只有自己，要经常帮助他人。

哈佛大学有一位计算机高手，名叫布鲁斯。他在中学时就是一位热心人，总是帮助同学解决难题。因此，经常有很多同学向他求教："布鲁斯，我的机器怎么上不了网了？""布鲁斯，我的机器怎么打印不了东西了？""布鲁斯，Excel 里面怎么插图表？""布鲁斯……"

这些有关计算机应用方面的问题，有些问题布鲁斯能解决，有些问题他也解决不了。即使不好解决，布鲁斯也不会轻易跟

相信自己确实能

对方说："我不会，你问别人吧！"布鲁斯一般都会告诉对方说："等等，我再看看！"带着这些问题，布鲁斯会上网查资料，寻找解决问题的方法，实在找不着的，再请教别人，一般问题都会得到圆满解决。

就这样，布鲁斯在计算机方面的能力越来越强，他跟同学的关系也越来越融洽。有一天布鲁斯突然领悟到，原来这些美好的体验，都是从他帮助别人那时候开始的。布鲁斯进入哈佛大学后，回过头来想想以前经常帮助他人的岁月，明白了同学问他问题其实就是一个很好的学习过程，帮助他们对于自己掌握知识也很有好处，自己相当于重新复习巩固了一遍；对于不懂的知识，他又通过这种方式掌握了新的知识，以后再碰到类似的问题时，他便胸有成竹了。随着解决的问题越来越多，布鲁斯竟然喜欢上了解决问题，不管碰到什么问题他都愿意试一试。他现在已是一名 IT 行业的精英，事业蒸蒸日上！

从布鲁斯的经历我们可以看出，善待别人不仅可以提高自己的能力，还有助于人际关系的和谐，给自己带来喜悦与自信。帮助别人不仅利人，同时也提升了自己生命的价值。想想看，如果我们每一个人都尽力去帮助别人，那么，这个世界将变得多么和谐与美好！

一位名人指出：帮助别人成功，是追求个人成功最保险的方式。每个人都有能力帮助别人，一个能够为别人付出时间和精力的人，才是真正富足的人。

一个暴风骤雨的夜晚，一对上了年纪的夫妇带着简单的行李来到一家旅店。年老的男人对旅店伙计说："对不起，我们跑了好多旅店，客人都住满了。我们想在贵处借住一晚，行吗？"

年轻的伙计解释说："这两天，有三个会议同时在这个地方召开，所以附近的旅店家家客满。不过，天气这么糟糕，你们二位一把年纪，没个落脚处也不方便。"伙计一边说，一边把两位老人往里边请，"我们的旅店也客满了，要是你们不介意的话，就睡我的床吧！"

"那你怎么办呢？"那对夫妇异口同声地问。

"我身体很好，在桌子上趴一会儿或者在地上搭个地铺都不碍事的。"

第二天早上，老人付房钱时，伙计坚持不要，说："我自己的床铺不是用来赢利的，我怎么能要你们的钱呢？"

"年轻人，你可以成为美国第一流旅馆的经理。过些日子兴许我要给你盖个大旅馆。"伙计听了，只当老人是在开玩笑，畅怀大笑起来。

两年过去了。一天，年轻的伙计收到了一封信，信里附着一张到纽约的双程机票，邀请他回访两年前在那个雨夜借宿的客人。年轻人来到了车水马龙的纽约，当年住店的老人把他带到第五大街和第三十四街的交汇处，指着一幢高楼说："年轻人，

相信自己确实能

这就是我们为你盖的旅馆，你愿意做这个旅馆的经理吗？"

这位年轻人就是如今纽约首屈一指的奥斯多利亚大饭店的经理乔治·波尔特，那位老人则是威廉·奥斯多先生。

任何人际关系，无论是私人交往，还是业务往来，如果都是以互助互利的观念来维系，那么，对交往的双方都有益。

米歇尔是一位青年演员，刚刚在电视上崭露头角。他英俊潇洒，很有天赋，演技也很好，开始时扮演小配角，现在已成为主要演员。从职业上看，他需要有人为他包装和宣传。因此，他需要一个公共关系公司为他在各种报纸杂志上刊登他的照片及有关他的文章，以增加他的知名度。不过，要建立这样的公司，米歇尔拿不出那么多钱来。偶然一次机会，他遇上了莉莎。莉莎曾经在纽约最大的一家公共关系公司工作过好多年，不仅熟知业务，也有较好的"人缘"。几个月前，她自己开办了一家公关公司，并希望最终能够打入有利可图的公共娱乐领域。但到目前为止，一些比较出名的演员、歌手、夜总会的表演者都不愿与她合作，她的生意主要还是靠一些小买卖来维持。两人一拍即合，联合干了起来。米歇尔成为莉莎的代理人，莉莎则为米歇尔提供宣传经费。

他们的合作达到了最佳境界，米歇尔是一位英俊的演员，正在时下的电视剧中出现，莉莎便让一些较有影响的报纸和杂志把眼睛盯在他身上。这样一来，她自己也出名了，并很快为一些有名望的人提供社交娱乐服务，得到了很高的报酬。而米歇尔不仅不必为提高自己的知名度花钱，而且随着名声的扩大，也使自己在业务活动中处于更有利的地位。

通过莉莎和米歇尔的相互合作，我们可以看到这样一种格局：米歇尔需要求助于莉莎，获得为自己宣传的开支；莉莎为了在业务中吸引名人，需要米歇尔做自己的代理人。看，他们互相满足了对方的需要。

每个人都渴望实现自己的人生目标，但是如果不善于借别人的帮助走向成功，不善于给需要帮助的人送去帮助，那么我们很难获得良好的人际关系，也很难实现自己的目标。因此，最明智的做人之道是助人亦助己。如果你不相信这一点，那么你在生活中就很难获得自己所需要的各种资源，最终就很可能成为生活中的失败者。

自然界有这样一个富有哲理的事实：世上仅存的植物当中，最雄伟的当属美国加州的红杉。红杉的高度大约是90米，相当于30层楼高。科学家深入研究红杉，发现了许多奇特的事实。一般来说，越高大的植物，它的根理应扎得越深。但科学家发现，红杉的根只是浅浅地浮在地面上。理论上说，根扎得不够深的高大植物是非常脆弱的，一阵大风就能将它连根拔起。红杉又为何能长得如此高大，且屹立不倒呢？

研究发现，红杉总是一大片连在一起生长，这一大片红杉

相信自己确实能

彼此的根紧密相连，一株接着一株，结成一大片。自然界中再大的飓风，也无法撼动几千株根部紧密联结、占地超过上千公顷的红杉林。除非飓风强到足以将整块地掀起，否则再也没有任何自然力量可以动摇红杉分毫。红杉的浅根，也正是它能长得如此高大的利器。它的根浮于地表，方便快速并大量地吸收赖以生长的养分，因此得以快速生长。

红杉给了我们一个很好的启示：成功不能只靠自己的强大，成功需要依靠别人，也需要帮助别人。

以真心换真心

　　芸芸众生中，与你擦肩而过的人很多，但与你关系亲密的人却很少。除了亲人之外，还有另一种人会与你关系亲密，这种人尽管与你没有血缘关系，但他像亲人一样关心你、爱护你、帮助你、在乎你，这种人就是朋友。千金易得，知己难寻，以心换心，才能获得真挚的友谊。

　　《世说新语》里记载了一则荀巨伯探友的故事：

　　荀巨伯，东汉人。一日，他从远方来探视生病的朋友，恰逢胡人围攻这座城池。朋友对荀巨伯说："我现在快死了，你赶快离开吧。"荀巨伯回答道："我远道来看你，你让我离开，败坏'义'而求活命，哪里是我巨伯的行为！"

　　胡兵闯进来，对荀巨伯说："大军一到，全城之人皆逃避一空，你是什么样的男子，竟敢独自留下来？"荀巨伯说："朋友有重病，我不忍心丢下他，宁愿用我的身躯拯救朋友的性命。"胡兵相互商量说："我们这些没有道义的人，却闯入了有道义的国土！"于是，他们率军撤回。全城人的生命财产得以保全。

相信自己确实能

荀巨伯这样的人堪称真朋友。相隔万里仍彼此惦念，心灵相通；关键时刻，不抛弃、不放弃，宁愿留下来一起死，也不愿丢下朋友苟且地活。生死考验显真情，正是这高尚的友谊感动了进犯的胡人，保全了全城。

现代社会生活节奏快，人们总爱抱怨"钱越赚越多，朋友却越来越少"。扪心自问，你是用真心去对待朋友吗？真正的朋友是平时大家各忙各的，有心事要倾吐了，打个电话问声好，彼此安慰。朋友有难时，不敢说为之上刀山下火海、两肋插刀，至少应不离不弃，给予精神上的支持。

朋友是你高兴时想见的人，烦恼时想找的人，得到对方帮助时不用说谢谢的人，打扰了对方不用说对不起的人，高升了不必改变称呼的人；朋友可以一起打着伞在雨中漫步，可以一起在海边沙滩上打个滚儿，可以一起沉溺于某种音乐遐思，可以一起徘徊于书海畅游；朋友是悲伤时陪你一起掉眼泪，欢乐时和你一起傻傻地笑……朋友之间在情感上有一定的交融，是精神上志同道合、患难与共的人。

现在很多的友谊都缺乏这种真心。酒场上大家吃吃喝喝，称兄道弟，并一再表示有事时要互相帮助。可真有事了，那些所谓的朋友就用各种借口推托。歌德说："真正的朋友在患难中对友谊绝对忠诚，真正的朋友在危险中对友谊绝对坚定。"经不住考验的友谊都不是真正的友谊。

布朗和琼斯是一对好朋友，他们整天在一起玩，相约要一生帮助对方。有一天，他们在野兽出没的森林里迷了路，相互鼓励："不管遇到什么险情，我们都要共同面对，携手战胜它。"

他们在森林里焦急地找寻着出路，这时，一头凶猛又饥饿的熊突然出现，向他们扑来。布朗一看，丢下琼斯，匆忙地爬上一棵大树。琼斯不会爬树，向布朗呼救，希望能得到布朗的帮助。可是布朗担心自己被熊吃掉，丝毫不顾琼斯的哀求。没有办法，琼斯只得趴在地上装死。熊是不吃死的动物的，它嗅了嗅琼斯，就走开了。

布朗从树上下来后，问琼斯："熊刚才在你耳边说什么呢？"

琼斯说："熊对我说，不要和虚伪的人交朋友。"

朋友之间共安乐容易，共患难难。"茫茫人海，漫漫长路，你我相遇，成为相互。相互就是走累了一起扶助，走远了一起回顾；相互就是痛苦了一起倾诉，快乐了一起投入。"没有了相互扶助，遇到危险各自逃，算不得真友谊。

世界著名的寓言家克雷洛夫曾说：朋友之最可贵，贵在雪中送炭，不必对方开口，急急自动相助。朋友中之极品，便如好茶，淡而不涩，清香但不扑鼻，缓缓飘来，细水长流。只有在患难的时候，才能看见朋友的真心。

克雷洛夫一生写过很多寓意深刻的故事。他写的寓言故事形象生动，用具有鲜明特点的动物形象来表现相应的处于各种

相信自己确实能

社会地位的人物的复杂性格。其中《狗的友谊》采用先扬后抑的手法达到讽刺效果。

黄狗和黑狗吃饱了饭，躺在厨房外的墙脚，边晒太阳边攀谈起来。它们谈到人世间的各种问题，最后谈到了友谊。

黑狗说："人生最大的幸福，就是能和忠诚可靠的朋友在一起生活，同甘苦，共患难。彼此相亲相爱，保护对方，使朋友高兴，让他的日子过得更加快乐，同时也在朋友的快乐里找到自己的欢乐。天下还能有比这更加幸福的事吗？假如你和我能结成这样亲密的朋友，日子一定好过得多，就连时间的飞逝都不觉得了。"

黄狗热情洋溢地说道："太好了，就让我们做朋友吧！"

黑狗也很激动："亲爱的黄狗，过去我们没有一天不打架，我好几回都觉得非常痛心！真是何苦呢？主人挺好的，我们吃得又多，住得也宽敞，打架是完全没有道理的！来吧，握握爪吧！"

黄狗嚷道："赞成，赞成！"

两个新要好起来的朋友立刻热情地拥抱在一起，互相舔着脸，高兴极了，它们高呼着："友谊万岁！让吵架、妒忌、怨恨都滚开吧！"

就在这时候，厨子扔出来一根香喷喷的骨头。两个新朋友立即闪电似的向骨头直扑过去。"亲密"的朋友"亲密"地滚在一起，相互撕咬，搞得狗毛满天乱飞。

其实现实中充满了这样的"友谊",听他们讲话,你以为他们是同心同德;丢给他们一根"骨头",他们就全成了"利益至上者"。

古人云:"君子之交淡如水。"纯真的友谊就像雄鹰对蓝天的虔诚,就像鱼儿对清水的坚定。

对每个人来说,要想成功就要懂得先利人再利己,最终做到既利人又利己,这才是为人处世的最高境界。只有懂得舍弃小的利益,让人一步,惠及他人,才能获得他人对你的回报。当我们对别人让利的时候,其实也是为了让自己得到更大的实惠!

有一个美国农村的老头,他决定让儿子成为不平凡的人。于是,他找到美国当时的首富——石油大王洛克菲勒,对洛克菲勒说:"尊敬的洛克菲勒先生,我想给你的女儿找个对象。"洛克菲勒说:"对不起,我没有时间考虑这件事情。"老头说:"如果我给你女儿找的对象,也就是你未来的女婿,是世界银行的副总裁,可以吗?"洛克菲勒同意了。然后,老头找到了世界银行总裁,对他说:"尊敬的总裁先生,你应该马上任命一个副总裁!"总裁先生说:"不可能,这里这么多副总裁,我为什么还要任命一个副总裁呢,而且必须马上?"老头说:"如果你任命的这个副总裁是洛克菲勒的女婿呢?"世界银行总裁爽快地答应了。

这只是一个虚构的故事,但世界上最出色的生意往往就是

相信自己确实能

这样谈成的，因为给对方提供了利益，所以到最后自己也收获大利，这就是双赢。

在这个竞争激烈的社会，虽然我们不能逃避经济社会的利益关系，但我们一定要抛开"个人利益至上"的唯利是图的观念，你可以利己，但利己不能建立在损人的基础上。利益永远不是友谊的基础，我们要拿真心换真心，用我们的真诚去感动对方。在朋友患难时，及时伸出援助之手，才会使友谊之树常青！

尊重他人，站在对方的角度考虑问题

有句俗语说："我敬人一尺，人敬我一丈。"意思就是说，我们只要学会了尊重他人，他人也一定会加倍地尊重我们。尊重他人，是一种修养，是一种品格，是一种对他人不卑不亢的平等相待，是一种对他人人格与价值的充分肯定。任何人都不可能尽善尽美，我们没有理由以卑躬屈膝的姿态去崇拜他人，也没有资格用不屑一顾的神情去嘲笑他人。

一天，一位40多岁的中年女人领着一个小男孩走进美国著名企业巨象集团总部大厦楼下的花园，在一张长椅上坐下来。不远处有一位头发花白的老人正在修剪灌木。忽然，中年女人从随身的挎包里揪出一团白花花的卫生纸，一甩手将它抛到老人刚剪过的灌木上。老人诧异地转过头，朝中年女人看了一眼，中年女人满不在乎地看着他。老人什么话也没有说，走过去捡起那团纸，将它扔进一旁的垃圾筐里，然后回到原处继续工作。

老人一连捡了那中年女人扔的六七团纸，但他始终没有因此露出不满和厌烦的神色。"你看见了吧！"中年女人指了指修剪灌木的老人，对男孩说，"我希望你明白，你如果现在不好

相信自己确实能

好上学，将来就跟他一样，只能做这些卑微低贱的工作！"

老人放下剪刀走过来，对中年女人说："夫人，这里是集团的私家花园，按规定只有集团员工才能进来。""那当然，我是巨象集团所属公司的部门经理！"中年女人高傲地说。"能借你的手机用一下吗？"老人沉吟了一下说。中年女人极不情愿地把手机递给老人，同时又不失时机地开导儿子："你看，这些穷人这么大年纪了，连手机也买不起！"

老人打完电话后把手机还给了中年女人。很快，一名男子匆匆走过来，恭恭敬敬地站在老人面前。老人对男子说："现在免去这位女士在巨象集团的职务！""是，立刻按您的指示去办！"那人连声应道。老人吩咐完后，径直朝小男孩走去，他用手抚了抚男孩的头，意味深长地说："希望你明白，在这个世界上，最重要的是要学会尊重每一个人。"说完，老人撇下三人缓缓而去。中年女人被眼前骤然发生的事情惊呆了。原来老人就是集团总裁詹姆斯先生！她一下子瘫坐在长椅上。

生活中，很多人往往把注意力集中在权贵、富豪身上，却对那些地位比自己低微、生活比自己差的人不屑一顾，甚至随意责骂他们，完全不顾他们的感受。这些行为都是对别人的不尊重。事实上，尊重别人就是尊重自己，你只有自觉地尊重别人，别人才会发自内心地尊重你。在尊重别人的同时，你更要替别人考虑，这样才会受到别人的尊重。

美国第 16 任总统林肯是世界上最伟大的成功者之一，但一般人有所不知的是，林肯后来的成功，很大一部分在于他深切地吸取了恣意批评别人和得罪别人的教训。那时，林肯还很年轻，不仅批评别人，还写信作诗揶揄别人。

林肯在伊州春田镇执行律师业务的时候，甚至写信给报社，公开攻击他的对手。1842年秋天，他取笑了一位名叫詹姆斯·史尔兹的爱尔兰人。该人自负而好斗。于是，林肯在《春田时报》刊登了一封未署名的信，讥讽了史尔兹一番，令镇上的人都捧腹大笑。史尔兹是个敏感而骄傲的人，他气得怒火中烧。他查出了写信的人是林肯之后，立即跳上马去找林肯，提出跟林肯决斗。为了颜面，林肯不得不决斗。对方给他选择武器的自由。因为林肯的双臂很长，他就选择骑兵的长剑，并跟一名西点军校的毕业生学习舞剑。决斗的那一天，他和史尔兹在密西西比河的沙滩碰头。在即将决斗的最后一分钟，他们的助手阻止了这场决斗。

在做人的艺术方面，林肯学到了无价的一课。他从此再没有写过一封侮辱他人的信件，也不再取笑任何人了。

南北战争的时候，一次又一次，林肯任命新的将军统御波多麦之军，而每一个将军——麦克里蓝、波普、伯恩基、胡克尔、格兰特都相继惨败，使得林肯只能失望地踱步。全国有一半的人都在痛骂那些差劲的将军们。当林肯太太和其他人对南方人士有所非议的时候，林肯回答说："不要批评他们。如果我们在同样情况之下，也会跟他们一样。"

这正是林肯的过人之处。他之所以受到世人的爱戴，是因

相信自己确实能

为他不故作姿态，不自以为是，在尊重他人的同时，设身处地地替他人考虑，体谅对方的难处，并恰当地给予帮助。

如果要劝说一个人做某件事，不要颐指气使，因为颐指气使只会使对方反感。最好在开口之前先问问自己：如果我是他会怎么想呢？我怎样才能使他愿意去做这件事呢？成功人士往往都懂得站在对方的立场上考虑问题。戴尔·卡耐基就是这样一个人。

戴尔·卡耐基每季度都要在纽约的某家大旅馆租用大礼堂20个晚上，用以讲授社交训练课程。

有一个季度，卡耐基刚开始授课时，忽然接到通知，经理要他付比原来多三倍的租金。这时入场券早已发出去了，其他准备开课的事宜都已办妥。很自然，卡耐基要去交涉。怎样才能交涉成功呢？人们感兴趣的是他们想要的东西。两天以后，卡耐基去找经理，说："我接到你们的通知时，有点儿震惊。不过，这不怪你。假如我处在你的位置，或许也会写出同样的通知。你是这家旅馆的经理，你的责任是让旅馆尽可能多地盈利。你不这么做的话，你的经理职位难以保住。假如你坚持要增加租金，那么让我们来合计一下，这样对你有利还是不利。

"先讲有利的一面。大礼堂不出租给讲课的而是出租给举办舞会、晚会的，那你可以获大利了。因为举行这一类活动的时间不长，他们能一次付出很高的租金，比我这租金当然要多得多。租给我，显然你吃大亏了。

"现在，来考虑一下不利的一面。首先，如果你增加我的租金，结果一定是降低了收入。因为实际上等于你把我撵跑了。由于我付不起你所要的租金，我势必再找别的地方举办训练班。

"还有一个对你不利的事实。这个训练班将吸引成千有文化、受过教育的中上层管理人员到你的旅馆来听课，对你来说，这难道不是起了不花钱的活广告作用了吗？事实上，假如你花5000美元在报纸上登广告，你也不可能邀请这么多人亲自到你的旅馆来参观，可我的训练班给你邀请来了。这难道不合算吗？"讲完后，卡耐基告辞了："请仔细考虑后再答复我。"当然，最后经理让步了。在卡耐基谈判获得成功的过程中，没有谈到一句关于他要什么的话，他始终站在对方的角度想问题。

可以设想，如果卡耐基气势汹汹地跑进经理办公室，提高嗓门地叫："这是什么意思？你知道我把入场券印好了，而且都已发出，开课的准备也已全部就绪了，你却要增加三倍的租金，你不是存心整人吗？！三倍！好大的口气！我才不付哩！"那又该是怎样的局面呢？争吵的必然结果是：即使他辩得过对方，对方也很难认错并收回原意。

设身处地替别人想想，了解别人的态度和观点，比一味地强调自己的观点更能达到良好的效果，别人也容易因为你的态度而改变立场。

己所不欲，勿施于人

我国古代儒家讲究"忠恕"之道，其中的重要原则就是"己所不欲，勿施于人"，意思就是说，人生在世，人除了需要关注自身的存在以外，还必须关注他人的存在，自己不愿意得到的东西，也不要去强加给别人。这是处理人际关系的重要原则。人与人之间的交往，需要坚持这种原则。

很多时候，如果我们及时调整心态，站在对方的立场思考问题，设身处地地为别人着想，自己不喜欢的东西也不要去强加给别人，就会变被动为主动，获得别人的认同和好感。

善于"投桃"的人，现实总会对他"报李"。将心比心，我们身边就会少一些争吵，多一份谦让；将心比心，我们身边就会少一些嫉妒，多一份帮助；将心比心，我们身边就会少一些虚伪，多一份真诚；将心比心，我们身边就会少一些计较，多一分理解。

你想着别人的好处、别人的难处，别人才容易理解你、支持你。

　　某村有两户人家，东边的王家经常吵架，亲人互相敌视，生活得十分痛苦；西边的李家却一团和气，个个笑容满面，生活得快乐无比。有一天，老王受不了家庭的战火，前来李家请教。老王问："你们为什么能让家里永远保持愉快的气氛呢？"

　　老李回答："因为我们常做错事。"

　　老王正感疑惑时，忽见老李的儿媳妇匆匆由外归来，走进大厅时，她不慎跌了一跤。正在拖地的婆婆立刻跑了过去，扶起她说："都是我的错，把地擦得太湿了！"站在大门口的儿子也跟着进来，懊恼地说："都是我的错，没告诉你妈妈正在擦地，害得你跌倒！"被扶起的媳妇则愧疚自责地说："不！不！是我的错，都怪我自己太不小心了！"

　　前来请教的老王看了这一幕，心领神会，他已经知道答案了。

　　李家和睦的原因很简单：他们能站在对方的立场思考问题，将心比心，设身处地为他人着想。

　　遇问题时不要去责怪他人，首先须反省自身，从自己身上寻求原因，思考为什么会出现这种情况、自己到底存在什么问题。遇有仇怨，何不相逢一笑？执着于憎爱，不如无私于轻重。

　　这种推己及人的做法说来简单，事实上做起来非常难。有的人在外面受了气，怒气冲冲回家后，家人想安慰一下他，他却看见谁都如同见到仇人，出口就骂，甚至有时候还会动手，这就是心理学上的"踢猫效应"。因此，做到"己所不欲，勿

相信自己确实能

施于人"，于人于己都是有好处的。

对待他人的过失应宽容，反省自身，从而营造十分和谐的交往氛围，这样双方才可以用一种宽容而仁爱的胸怀来看待对方，从而圆满地解决问题，不仅可以改变相互仇视的局面，同时还能增进彼此间的友谊。

因此，在与人交往时，我们必须懂得去体贴别人；做任何事情时，必须同时考虑他人的利益；遇到任何问题，要多从自身寻找原因，而不去过多地责备他人。"己所不欲，勿施于人"，既然自己都不想要，又为什么要加诸他人的身上呢？保持一颗宽容的心，用推己及人的方式来解决问题，社会才能安定、和谐，人们才能安居乐业。那么，在生活中，我们怎样培养宽容的性格呢？如下建议可供参考：

（1）对伤害了自己的人表示友好

对曾经伤害过自己的人，要用宽容的心去原谅别人。这样做虽然困难，但更能反映出你的宽大胸怀和雍容大度。用宽容对待曾经伤害过你的人，使他感受到你的真诚和温暖。

（2）容忍并接受他人的观点或行为

人们都喜欢和那些理解自己的人相处，而不喜欢和那些时刻对自己说三道四的人待在一起。专门找别人的碴儿、动辄教训别人的"批评家"，很难获得朋友。以自己的喜好去要求别人投自己所好的人，谁见了都会退避三舍；而那些喜欢别人以本来面目示人的人，往往能获得好“人缘”。当你想和朋友友好相处时，要尊重对方，容忍对方的弱点和缺陷，切莫试图去指责或改变对方。

（3）发现和承认他人的价值

人只要善于寻找，一定能找出他人身上许许多多的优点。既能容人之短，又能容人之长，才更能显出自己胸怀的宽广。

容人之过，容人之非

　　人们在社会交往中难免会被误解，面对这些，不要让自己处于紧张激动的状态中，最明智的做法是以宽容的心去谅解别人，"忍得一时气，免得百日灾"。

　　宽容不是软弱，而是良好涵养的无声表达。

　　生活需要宽容，宽容不仅包含着理解和原谅，更显示一个人的气度和胸襟。宽容是心要"宽"，德要"容"，容人之过，容人之非。

　　有这样一个故事：

　　一位老师正开门时，迎面撞进一位彪形大汉，由于大汉力气过猛，只听"嘭"的一声，门碰到了老师的眼镜，老师的眼皮被碰青了，眼镜也掉到了地上，镜片摔得粉碎。然而这个满脸络腮胡子、横冲直撞的人，没有丝毫愧疚之情，反而理直气壮地说："谁叫你戴眼镜的？"老师心想："他也许是无意的。"所以，他以豁达的心胸接受了这个事实，并没有据理力争，要求大汉赔偿。大汉见老师以微笑回报他的无理，觉得很奇怪，于是就问："喂,你的眼镜被我碰碎了,你为什么不向我发火?"

老师微微一笑说:"我为什么要发火呢?如果我生气,对你破口大骂,或是打架动粗,既不能让破碎的眼镜复原,又不能让眼睛上的瘀青立刻消失,只会进一步把事情闹大而已,可是事情仍然得不到化解。从另一个角度说,我早一分钟或晚一分钟开门,都可以避免我们相撞。但我们却撞在一起,或许这么一撞,说明你我有'缘'呀!所以,我不能生气!"

当他人向你发火时,你若也跟他一起发火,那结果只能是两败俱伤。对别人宽容也就是对自己宽容。"做事要做难做之事,处人要处难处之人",为人处世都一定要宽容。宽容是天地之间难得的德行。

"二战"期间,一支部队在森林中与敌军相遇,激战后,两名战士与部队失去了联系。这两名战士来自同一个小镇。两人在森林中艰难跋涉,互相鼓励,互相安慰。十多天过去了,他们仍未与大部队联系上。一天,他们打死了一只鹿,这样他们就能依靠鹿肉度过几天。可这以后他们再也没看到过任何动物。他们将仅剩下的一点儿鹿肉背在身上。这一天,他们在森林中又一次与敌人相遇,经过再一次激战,他们巧妙地避开了敌人。就在他们自以为已经安全时,只听一声枪响,走在前面的年轻战士中了一枪——幸亏伤在肩膀上!后面的战士惶恐地跑了过来,他语无伦次,抱着战友的身体泪流不止,并赶快把

相信自己确实能

自己的衬衣撕下，为战友包扎伤口。

晚上，未受伤的战士一直念叨着母亲的名字，两眼直勾勾的。尽管饥饿难忍，可他们谁也没动身边的鹿肉。天知道他们是怎么熬过的那一夜。第二天，大部队救出了他们。

事隔30年，曾经那位受伤的战士说："我知道谁开的那一枪，他就是我的战友。在他抱住我时，我碰到了他发热的枪管。但当晚我就原谅了他。我知道他想独吞我身上的鹿肉，我也知道他想为了他的母亲活下来。此后30年，我假装根本不知道此事。战争太残酷了，他母亲还是没有等到他回来，我和他一起祭奠了老人家。那一天，他跪下来，请求我原谅他，我没让他说下去。我们又做了几十年的朋友。"

我们往往很难忘记别人对自己致命的伤害，但唯有以德报怨，才能赢得一个温馨的世界。

你曾尝过不能宽容别人的苦涩滋味吗？哈佛的教师常常讲一个从战争中归来的士兵的故事来告诫自己的学生们。

一个士兵从旧金山打电话给他的父母，告诉他们："爸妈，我回来了，可是我有个请求：我想带一个朋友同我一起回家。""当然好啊！"他们回答，"我们会很高兴见到他的。"

"不过，"儿子继续说，"有件事我想先告诉你们，他在战争中受了重伤，少了一条胳臂和一条腿，他现在走投无路，我想请他回来和我们一起生活。"

　　"儿子，我们很遗憾，不过或许我们可以帮他找个安身之处。"父亲接着说，"儿子，如果你带他回来，他会给我们的生活造成很大的负担，我们还有自己的生活要过。我建议你先回家，然后忘了他，他会找到属于自己的天空。"听到这里，儿子挂上了电话，从此他的父母再也没有他的消息了。

　　几天后，这对父母报了案。后来，警方帮他们找到了儿子，令他们惊讶的是，儿子居然只有一条胳臂和一条腿。

　　这对父母的心胸有些狭窄，他们只考虑自己的得失，不能对他人献出爱心，他们的儿子正因为了解他们是这样的人，所以未能回家。

　　在生活中，如果我们能够更宽容豁达些，不那么争强好胜，不和别人轻易结怨，不计较别人的过错，不但能把更多的精力投身于事业中，而且能够避免很多悲剧的发生，赢得更多的友谊。

控制情绪是一生的功课

第八章

学会放得下，才能拿得起

生活中，为什么有的人活得轻松，有的人却活得沉重？前者是拿得起，放得下；而后者是拿得起，却放不下。拿得起是一种勇气，放得下是一种肚量。拿得起，实为可贵；放得下，才是人生处世之真谛。人只有放得下，才能将该拿得起的东西更好地把握住。

在明显的劣势面前，如果你能坦然承认自己的不足，在必要的时候学会放弃，也就能抓住机会，改变命运。

从前，一个村庄里有三个很要好的朋友，一个人很有钱，一个人很爱读书，另一个人是著名的学者。一天，他们出海远航，想到另一个村庄去闯闯。他们坐在一只小舟里，有钱人带了一大笔金银珠宝，以便到了目的地可以更好地开始；读书人带了一大捆书，为了在船上不寂寞；那个学者却什么也没带。路上，他们碰上了暴风雨，为了顺利地航行，船主要求他们把东西扔掉。有钱人舍不得自己的金银财宝，就教唆读书人把书都扔了，而读书人也舍不得自己心爱的书，就要求有钱人把金银财宝扔了。

学者见状，对有钱人说："你要想想当初你是怎么白手起

相信自己确实能

家的，为什么不把财物扔了？只要保全了性命，一切都可以从头开始。况且，这只是你财物的一部分，不是吗？"

学者又对读书人说："你读了那么多书，书中的知识都在你的脑海里，有什么理由在乎你那些书？"

有钱人听后，把财物都扔了，读书人也把书扔了。他们顺利地到达了目的地。

退一步海阔天空，很多情况下，我们要懂得放弃。有时候，放弃并不是一件坏事，硬碰硬的结果弄不好会两败俱伤，甚至会抱憾终身。与其强人所难，不如适当地放弃。这样的例子举不胜举，古时的缓兵之计就是如此，韩信胯下之辱的故事也是很好的例证。

在智者的眼中，人间琐事没有放不下的。人赤条条来到世间，除了父母养育的"肉身"，不带一丝外物。人生短短几十年，对于大千世界来说，我们不过是匆匆一过客，轻松愉悦地走过人生旅途，才是明智的选择。

学会放下，是一种积极的人生态度。智者能够成功，就在于他善于放下不必要的东西。让我们也试着学会放下吧，你就会发现你的生活越来越轻松。

一个青年背着一个大包裹，千里迢迢跑来找无际大师。他说："大师，我是那样孤独、痛苦和寂寞，长期的跋涉使我疲倦到极点。我的鞋子破了，荆棘割破了我的双脚；手也受伤了，流血不止；嗓子因为长久的呼喊而嘶哑……为什么我还不能找到快乐呢？"

大师问："你的大包裹里装的什么？"

青年说："它对我可重要了。里面是我每一次跌倒时的痛苦、每一次受伤后的哭泣、每一次孤寂时的烦恼……靠着它，我才能走到您这儿来。"

大师带青年来到河边，他们坐船过了河。

上岸后，大师说："你扛着船赶路吧。"

"什么，扛着船赶路？"青年很惊讶，"它那么沉，我扛得动吗？"

"是的，孩子，你扛不动它。"大师微微一笑说，"过河时，船是有用的。但过了河，我们就要放下船赶路。否则，它会变成我们的包袱。痛苦、孤独、寂寞、灾难，这些对人生都是有用的，它能使生命得到升华，但须臾不忘，就成了人生的包袱。放下它吧！孩子，生命不能太沉重。"

"放下"这两个字听起来容易，做起来却很难。有的人追求功名，就放不下功名；有的人追求财富，就放不下金钱；有的人追求爱情，就放不下爱情。

生活中令人忧愁的事有很多，有些人总想什么都得到，凡事都放不下，结果越是放不下，越得不到。而有些人凡事都随遇而安，反而能够抓住机遇，获得意想不到的成就。

相信自己确实能

狄更斯说："苦苦地去做根本就办不到的事情，会带来混乱和苦恼。"泰戈尔说："世界上的事情最好是一笑了之，不必用眼泪去冲洗。" 著名学者季羡林的养生经验是奉行"三不主义"，其中有一条就是"不计较"。

放弃是一种勇气，舍得是一种智慧。

放弃绝不是对自己的背叛，假如你勇于放弃自私、放弃虚伪，你就会变得高尚。放弃不是怯懦，不是自卑，也不是自暴自弃，而是在深思熟虑的基础上，主动做出的一种选择。放弃之后何去何从，值得我们每个人深思。

每个人都有欲望，贫穷的人想变得富有，平凡的人想变得高贵，这是人之常情，无可厚非。但在现实生活中，有些东西只能满足我们一时的虚荣，却耗费了我们大量的精力，追求这些东西往往会得不偿失。如果你一味地去追求，那你就会被贪婪的"枷锁"牢牢锁住。

所以，学会放下吧！学会放得下，你才能拿得起。

战胜消极思想，积极面对人生

有些人总喜欢抱怨自己的不如意，说这是环境造成的，环境决定了他人生的位置。还有些人总抱怨自己怀才不遇，抱怨社会不公平。人们本来同情弱者，但由于抱怨的人气急败坏，反而得不到别人的同情。

现实生活中，常常有人抱怨自己生不逢时，为自己以往的碌碌无为、不"走运"而感到懊悔。其实，他们没有认识到，这种懊悔常常会给人带来压力。如果一个人一味地抱怨，总是叹息、懊悔、牢骚满腹，那么他只是在虚度今天的光阴，延续昨天的失败。生活对我们每一个人都是公平的，它不会多给你一点儿，也不会少给你一分。

如何看待人生，是由我们自己决定的。如果你想成为一个成功而快乐的人，就不要一味抱怨，保持乐观豁达的心态，美好的生活就会在前方等你。

塞尔玛陪伴丈夫驻扎在沙漠的一个陆军基地里。丈夫奉命到沙漠里去演习，她一个人留在陆军的小铁皮房子里。天气热

相信自己确实能

得让人受不了，而且她一个人非常孤独，也没有人可以和她聊天——身边只有墨西哥人和印第安人，他们都不会说英语。她非常难过，于是就写信给父母，说要丢开一切回国去。不久，她父亲的回信来了，信上只有两行字，可这两行字却永远留在了她心中，甚至完全改变了她的生活。信上是这样写的：两个人从牢中的铁窗望出去，一个看到泥土，一个却看到了星星。

塞尔玛一再地读着这封信，觉得非常惭愧。她开始和当地人交朋友，他们的反应使她非常惊奇。她对他们的纺织、陶器很感兴趣，他们就把自己最喜欢但舍不得卖给观光客人的纺织品和陶器送给了她。塞尔玛研究那些引人入迷的仙人掌和各种沙漠动物，又学习了有关土拨鼠的知识。她观看沙漠日落，寻找几万年前留下来的海螺壳……生活开始变得丰富多彩起来，塞尔玛发现原来难以忍受的环境，现在居然变成了令人兴奋的奇景。

是什么使塞尔玛内心发生了这么大的转变呢？沙漠没有改变，印第安人也没有改变，但是塞尔玛的观念改变了，心态也改变了。原来，塞尔玛觉得沙漠的环境太恶劣了。而现在，塞尔玛觉得沙漠就是一个冒险的乐园。她为发现新世界而兴奋不已，并将自己的经历写成了一本书。不久，一本名叫《快乐的城堡》的书出版了。塞尔玛终于在沙漠中看到了闪烁的星光。

生活本来就是丰富多彩的，而我们往往为自己建造了一个灰色的牢笼，将自己锁在里面，看不到屋外满天灿烂的星光。所以，我们需要做的就是培养自己的正面思维，学会用积极的态度去面对人生，以宽容的心态接受生活中的一切。

她的母亲是个出身卑微的女子，她的父亲是巨富之家之子，地位的悬殊没能阻挡住爱情的脚步。但是，结婚后，母亲受尽了公公婆婆的虐待，父亲也在外面另有了情人。母亲在绝望中喝毒药自杀，临终前告诫她，日后找老公一定不要找比自己强的。人需要爱情，但更需要尊重。

大学毕业那年，她在那家公司遇见了他。他是公司的老总，他慧眼识珠，不但录用了她，还让她担任一个部门的负责人。她很受他的赏识，不断地得到提拔。她对他也有一份特殊的亲近感，觉得他年纪轻轻就拥有自己的公司，确实不简单，两个人不由自主地走近了。

一天，她去市场上买了一个金鱼缸送给他，缸里还有一条金鱼。她明白自己已不可救药地爱上了他。她也明白他的感情，可这时她却有了一丝慌乱，她想起了母亲的死亡以及母亲对她的告诫。他是老板，她是雇员，如果她与他产生爱情，无异于踏上母亲走过的老路。

那是一个黄昏，她和他一起在那个金鱼缸前喂鱼。他突然抓住她的手，她的心剧烈地跳动起来，渴望而忐忑。她试探地问他："你怎么看待我，还有你自己？"他看着她，又看看金

相信自己确实能

鱼缸，说："你和我就像这鱼缸里的水和鱼。"

她有一种幸福的眩晕，立刻想到了"鱼水情深"这个词语。但，这不是她想要的答案。她进一步问他："那么，谁是水？谁是鱼？"他不假思索："当然我是水，你是鱼。"她轻轻地皱起了眉头，问道："为什么我是鱼？你怎么不说你自己是鱼？"他浅浅地笑起来："这还用问吗？我当然是这缸里的水，你才是在这水里游来游去的鱼。"

那一刻，她的心往下沉：他是水，她是鱼，因为鱼儿离不开水，有了水，鱼儿才能生存。他的狂妄、自负让她不辞而别。

三年后，在一次商贸会上，她意外地遇到了他。他拉住她的手，一脸喜悦。他问她："你过得好吗？"她笑笑，很矜持："我这条鱼离开了你那缸水，活得仍很鲜活。"他却说："你是鲜活了，我却快要死了！"她语含讥诮："只听说鱼儿离开了水活不了命的，倒没听说水离了鱼会死掉。"

他眼神黯淡，"鱼儿离开了一缸水，还可以到大海里去生活，但一缸水没了一条鱼，心里就空落落的。心空了与死掉有什么区别？"她愣住了："你的鱼与水的论调到底是什么意思？"他回答道："我本来是一缸死水，是你这条鱼的进入，让我重新有了活力。鱼是生活在水的心里，你，就是在我心里游来游去的一条鱼。你见过没有鱼的鱼缸吗？鱼缸的活力是鱼给的，而不是水给的。因为鱼是水的心脏，是水的灵魂。"

　　她的眼睛一下子湿润了，母亲的告诫让她一直对爱情抱着一种消极的态度，她甚至差一点儿因此而错失了生命中的至爱。

　　人们之所以喜欢那些积极乐观的人，是因为他们的乐观会感染别人。和乐观的人在一起，自己也会得到快乐。

　　托妮·莫里森是美国著名黑人女作家。在莫里森的少年时代，由于家境贫困，从12岁开始，她每天放学后就要到别人家里打几个小时的零工，十分辛苦。一天，她因工作的事向父亲发了几句牢骚，父亲听后对她说："听着，你并不在那儿生活，你生活在这儿，在家里，和你的亲人在一起。只管去干活就行了，然后拿着钱回家里。"

　　莫里森后来回忆说，从父亲的这番话中，她领悟到了人生的四条真理：第一，无论什么样的工作都要做好，不是为了你的老板，而是为了你自己；第二，把握你自己的工作，而不要让工作把握你；第三，你真正的生活是与你的家人在一起；第四，你与你所做的工作是两回事，你该是谁就是谁。

　　从那以后，莫里森又为形形色色的人工作过，有的很聪明，有的很愚蠢，有的心胸宽广，有的小肚鸡肠，但她再未抱怨过。

　　审视一下自己，你是不是也总是以一种消极的态度去看待生活？如果是的话，那你一定要转变态度，学会以一颗包容的心去看待生活，以宽容的心去对待你周边的人，培养正面思维，积极生活。

保持平常心，接纳不完美的自己

人生在世，很不容易，我们要保持随遇而安的平常心。宠辱不惊，看庭前花开花落；去留无意，望天上云卷云舒。无论是成功，还是失败，无论是车水马龙，还是门庭冷落，无论是辉煌夺目，还是默默无闻，都要有个良好心态，笑对人生，继续拼搏。

很多美国人都喜欢这样一个动人的故事：

铁匠把一根长长的铁条插进炭火中，铁条烧得通红后，铁匠又把铁条拿出来放在铁砧上敲打，希望把它打成一把锋利的剑。但剑打成之后，他觉得很不满意，又把剑送进炭火中烧得透红，取出后再打扁一点，希望它能成为种花的工具，但结果也不如他意。就这样，他反复把铁条打造成各种工具，全都失败。最后，他从炭火中拿出火红的铁条，茫然不知如何处理。在无计可施的情形下，他把铁条插入水桶中，铁条发出了声响，他说："唉！起码我也能用根铁条弄出声音。"

如果我们都有故事中铁匠的心胸，那么还有什么失败和挫折能够伤害到我们呢？

你在失望的时候如何自处？爱德加·伯根的方法很值得借鉴。

有一天，爱德加·伯根到邮局去邮购了一本摄影的书，从此他满怀希望，天天等着邮差上门来。最后，邮差总算送来他的包裹。爱德加满腔欢喜地打开包裹，却像是被人当头泼了一盆冷水，原来包裹里面装的不是他购买的摄影书籍，而是一本关于腹语术的书。

爱德加马上把书包起来，准备寄回去，可是他转念一想，既然这本书就在手上，自己何不看看再说呢？你也许猜到结局如何了，爱德加后来变成知名的腹语专家。他创造了许多可爱的角色，他的演出受到世人的赞赏。

每一个问题都会有解决的方法，只要你真正拿出行动，用积极的心态去面对。只要我们用平常的心态去体会，就能发现生活的甘美。

人如果用一颗平常心体味生活的真谛，就会超然物外，"不以物喜，不以己悲"，把自己融于天地之间，就像淡淡的水，没有苦，也没有甜，没有悲，也没有喜，心灵平静安逸，感受到生活的阳光。

生活不可能永远是一帆风顺的，当你身处逆境时，是自怨自艾地自我消沉，还是振奋精神去寻求希望？不同的选择就会有不同的结果。

相信自己确实能

一个小男孩在车祸中不幸失去了左臂，但是他依然很想学习他一直喜欢的柔道，可柔道却是一项即使是健全人都很难学好的运动。四处求学之后，终于有位柔道大师接纳了他。可是在入学之后的三个月里，师傅却只是一直反复地教小男孩同一招。终于，小男孩忍不住问道："老师，这招我已经练了几个月了，是不是应该再学学其他招数？"没想到师傅立即摇了摇头："不，你只需要把这一招练好就够了。"小男孩感觉很委屈，但他还是听话地继续练了下去。

三年后，师傅带小男孩去参加比赛，看到对手又高大又强壮，瘦弱且残疾的小男孩很是害怕。这时师傅鼓励他道："不要怕，你一定会赢的，师傅对你有信心。"

出乎人们意料的是，最后的冠军竟然真的是这个没有左臂而且只会一招的小男孩，这个结果让小男孩自己都很惊讶。

"这是为什么呢，老师？"小男孩问师傅。

看着他迷惑不解的样子，师傅解释道："有两个原因：一，这是柔道中最难的一招，你用了几年时间去练它，已经完全掌握了它的要领。二，就我所知，对付这一招唯一的办法就是抓住你的左臂。"

当灾难已经发生，当悲剧不可挽回，我们绝不能沉溺于痛苦中不可自拔，也不应该做无谓的挣扎，平白增加自己的痛苦。既然不能改变，那就顺从命运的安排，努力将劣势变成优势，这样我们才有改变命运的机会。

顺从命运，认清你眼下的形势，你才有机会去改变命运，变不利为有利。获得成功的时候，淡然处之，不骄不躁；承受不幸的时候，淡然处之，不悲不怒。做事的时候，心思缜密，踏实冷静，激情投入，忘却自我；思考的时候，遨游天地，探幽觅微，无羁无绊。

有一个小和尚非常苦恼，因为师兄师弟们老是说他的闲话。无处不在的闲话让他无所适从。念经的时候，他的心不在经上，而是在那些闲话上。

小和尚跑去向师父告状："师父，他们老说我的闲话。"师父双目微闭，轻轻说了一句："是你自己老说闲话。""他们瞎操闲心。"小和尚不服。"不是他们瞎操闲心，是你自己瞎操闲心。""他们多管闲事。""不是他们多管闲事，是你自己多管闲事。""师父为什么这么说？我管的都是自己的事啊。""操闲心、说闲话、管闲事，那是他们的事，就让他们做去，与你何干？你不好好念经，老想着他们操闲心，不是你在操闲心吗？老说他们说闲话，不是你在说闲话吗？老管他们说闲话的事，不也是你在管闲事吗？"小和尚茅塞顿开。

有首打油诗叫《莫生气》，是这样写的：

人生就像一场戏，因为有缘才相聚。相扶到老不容易，是否更该去珍惜？为了小事发脾气，回头想想又何必。别人生气

相信自己确实能

我不气，气出病来无人替。我若气死谁如意，况且伤神又费力。邻居亲朋不要比，儿孙琐事由他去。吃苦享乐在一起，神仙羡慕好伴侣。

《莫生气》这首诗虽然通俗，却蕴涵着大道理——心平气和地笑看人生是很重要的。世界上没有过不去的坎儿，没有爬不过去的山，也没有放不下的事情。俗话说：相逢一笑泯恩仇。多少年过去，那些当时的冤家再聚首时不也是会意一笑吗？再大的事情，随着时间的流逝，你往往都会渐渐淡忘。当你正在气头上的时候，不妨告诉自己"把心静一静"。等到心平气和，也许你会发现，那件事根本就不值得你生气。一个人如能不管际遇如何都不较真，都能保持平和的心境，那便真正拥有了人生最大的福气！

感受内心的愉悦，体悟快乐的人生

每个人都有快乐的力量，名声、财产等等是身外之物，人人都可求而得之，但没有人能够代替你感受人生。事实上，决定你是否快乐的是你的心态，即你的心理状况决定了你是乐观积极还是悲观消极。安东尼·奥斯说过："如果一个人不认为自己是快乐的，他就不可能快乐。"菲尔普斯也说："世界上最快乐的人，是那些具有有趣想法的人。"

我们能活在世上，本身就是一件十分美妙的事情。清晨，当你睁开眼睛时，是否这样想过："又一个多么愉快的早晨！我想，今天一定会是美好的一天！"我们应该感恩生活，唤醒童年时那种吹口哨时的心情，找回内心深处那种完全自然、毫不做作的乐趣。

周末，一对父女一起散步。当走过莱特大厦时，女儿说："看，它多美啊！"以前，父亲从未觉得这个建筑有什么特别之处，听女儿一说，他便抬头看了看。这时，他才真正理解设计师莱特在这个建筑中注入的理念：它高高的尖顶直入云霄，正传达

相信自己确实能

着一种振奋与快乐。父亲第一次喜欢上了这个建筑，这是他当时发自内心的感受，而这正是积极心态的关键所在。

其实，万事万物早已存在，当你心情舒畅时，你会情不自禁地欣赏所有的事物，觉得所有的事物都是美好的，快乐也就油然而生。

也许你有不错的工作、稳定的收入、美满的家庭、健康的身体，下班后有人做饭，周末邀三五好友谈天说地，假期驾车一家旅行，偶尔还可以奢侈一下享受高档生活……可是，你快乐吗？快乐不只是远离沮丧，更是一种欣喜的感觉，一种对生命的满足与喜悦。

有一个石头切割工人，总希望自己成为其他的人，所以他一点儿都不快乐。有一天，他经过一个有钱的员外家，他想这个员外在城里会是多么受人敬重啊！他很羡慕员外，并希望能够成为像他一样的人，这样他就不再是一个卑微的石头切割工了。

夜里他做了一个梦，有一个白胡子老人说要帮他实现愿望。早上起来，他竟然就真的变成了那个员外，拥有了以前他想都不敢想的豪华生活，很多穷人也都非常羡慕他。可是，生活并未像他想象的那样快乐。

然后有一天，一个官员经过这座城，每个人都要向这个高官跪拜，他是更有权力和更受崇敬的人。这个石头切割工又希望自己能跟这个官员一样，有众多的仆役和侍卫保护他的安全，他觉得只有那样，他才会快乐。

夜里他又做了一个梦，早上起来他已经变成了官员，成为全国最有权力的人，每个人在他面前都要鞠躬跪拜。可是这时他也是全国最令人害怕和讨厌的人，这也是为什么他需要这么多侍卫和仆役的原因。此时，他在马车里觉得非常闷热，他抬头望着天上的太阳，说："多么伟大啊！真希望我就是太阳。"

他又如愿地变成了太阳，悬挂于九天之上，照耀大地。但是一片乌云飘了过来，遮住了阳光，他又想："云真是太了不起了！真希望我能跟云一样。"他又变成遮住阳光的云，不久，一阵风吹过来，把云吹走了。"我真希望能跟风一样强大。"于是他又变成了风。强大的风可以把整棵树连根拔起，也可以摧毁整个村庄，可是却怎么也吹不动大石头。"石头真是坚强，我得像石头一样有力啊！"他想着。最后，他变成了大石头。现在他终于满意了，他是世上最有力的东西了。可是他突然听到了一个声音：铿！铿！铿！斧头敲击着石头，石头劈开了。"还有什么比我更强大有力呢？"他抬头一看，拿着斧头的正是一个石头切割工人！

正如故事里的石头切割工人一样，许多人终其一生都在寻找快乐，却从来都没有找到，原因就在于他们找错了地方。贺瑞斯说："你跨越千山万水，只为寻求快乐，然而快乐就在每个人的心里。"

学会调节情绪，及时消除烦恼

人最难得的不在能力而在修养，体现修养的一个重要方面就是有控制情绪的能力。能够调节激烈的情绪，及时缓解矛盾、息事宁人的人，往往都是非常有涵养的人。他们不仅给他人留下了好印象，而且能取得很大的成功，自己也过得很幸福。

在一个市场里，有个妇人的摊位生意特别好，引起了其他摊贩的嫉妒，大家常有意无意地把垃圾扫到她的摊位前。这个妇人只是宽厚地笑笑，从不计较，反而把垃圾都清扫到角落。旁边卖菜的老人观察了她好几天，忍不住问道："大家都把垃圾扫到你这里来，你为什么不生气？"妇人笑着说："在我们家乡，过年的时候，人们都会把垃圾往家里扫，垃圾越多就代表会赚越多的钱。现在每天都有人送钱到我这里，我怎么舍得拒绝呢？你看我的生意不是越来越好吗？"从此以后，那些垃圾就不再出现了。

这个妇人的智慧确实令人惊叹，然而更令人敬佩的却是她那与人为善的宽容的美德。她用智慧宽恕了别人，也为自己创造了一个融洽的人际环境。俗话说：和气生财，她的生意自然越做越好。如果她不采取这种方式，而是针锋相对，又会怎样呢？结果可想而知。

在人生的漫漫旅程中，不会总是艳阳高照、鲜花盛开，也同样有夏暑冬寒、风霜雨雪。我们通常会在烦躁时乱发脾气，甚至做一些出格的事，而最后都得由自己来承担那严重的后果。难得来人世走一遭，潇洒最重要。如果事事斤斤计较，总是为一些无聊的小事而争吵不休，实在是自损风度。那些无法控制自己情绪的人，往往只会伤害了自己。

有一天，骆驼在沙漠中行走。中午的太阳就像一个大火球，仿佛要把整个大沙漠吞噬一般。骆驼又饿又渴，火气越来越大。这时候，一块小小的玻璃片把它的脚掌硌了一下，气呼呼的骆驼顿时火冒三丈，抬起脚狠狠地将碎玻璃片踢了出去。它的脚掌被玻璃片划开了一道深深的口子，鲜红的血液立刻把沙粒给染红了。

骆驼一瘸一拐地向前走着，身后留下了一串血迹，血迹引来了空中的秃鹫。它们在骆驼的上方盘旋着。骆驼不顾伤势狂奔起来，当骆驼跑到沙漠边缘时，浓重的血腥味儿引来了附近的沙漠狼。疲惫的骆驼像一只"无头苍蝇"一样东奔西突，仓皇中跑到一处食人蚁的巢穴附近。鲜血的腥味儿惹得食人蚁倾巢而出，黑压压地向骆驼扑过去。就在一刹那，食人蚁就像一块黑毛毯，把骆驼裹了个严严实实。一会儿工夫，那只可怜的

相信自己确实能

骆驼就满身是血地倒在了地上。临死前，骆驼发出无力的叹息："我为什么要跟一块小小的碎玻璃片生气呢？"

骆驼临死前才明白应该控制自己的脾气，但显然它明白得太晚了。有效控制自己的情绪，对人的一生至关重要。

一位老人在她50周年金婚纪念日那天，向来宾道出了她婚姻幸福的秘诀。她说："从我结婚那天起，我就准备列出丈夫可能会犯的十个错误，为了我们婚姻的幸福，我向自己承诺，每当他犯了这十个错误中的任何一个的时候，我都愿意原谅他。"有人问，那十个错误到底是什么呢？她回答说："老实告诉你们吧，50年来，我始终没有把这十个错误具体地列出来。每当我丈夫做错了事，让我气得直跳脚的时候，我马上提醒自己：算他运气好吧，他犯的是我可以原谅的那十个错误当中的一个。就这样，我把自己的情绪稳住了，自然就不会生气了。"

现实生活中，很多人往往因为一点儿小事就生气，并指责别人的不是。其实若是仔细想一想，根本没有什么值得生气的。

人心态平和，就不会在乎别人的闲言碎语，也不会因为别人的闲言碎语而影响自己的情绪。人生无常，有时候我们会困惑，觉得自己迷失了方向，我们拥有明亮的双眼，却看不清世界；我们拥有健全的双耳，却听不清声音。这个世界诱惑太多了，于是我们很容易迷失自我。别忘了，处理情绪问题最好的时机，永远是它刚出现时。

（1）想一想，再去做

爱冲动的人在行动前很少考虑行为的结果。为了提高自己的自我控制能力，应该学着在做事之前先想一想，根据自己以往的生活经验想一想：这么做会有什么样的结果？对自己个人以及周围他人会产生哪些有利的和不利的影响？在此基础上，对自己的行为进行调控，采取适宜的行为方式。

在遇到较强的情绪刺激时，应强迫自己冷静下来，迅速分析一下事情的前因后果，尽量不要冲动，不要采取鲁莽的行动。比如，当你被别人讽刺、嘲笑时，如果你暴怒，反唇相讥，则很可能引得双方争执不下，怒火越烧越旺。但如果此时你能提醒自己冷静一下，采取理智的对策，如用沉默以示抗议，或只用寥寥数语表达自己受到伤害，指责对方无聊，对方反而会感到尴尬。

（2）学会从别人的角度考虑问题

调节情绪是个体对自身心理与行为的主动掌握，通过自我控制，避免不适宜行为的发生。一个人的不自控行为常常会导致不良的后果。冲动型性格的人总是以自我为中心，他们往往站在自己的角度而不是他人的角度来考虑问题，只根据自己的意愿行动，而很少考虑他人。因此，为了克服这种弱点，应该有意识地提高自己对他人情绪感知的敏感性，学着站在他人的角度，感受和理解自身行为对他人所造成的影响，从而有意识

相信自己确实能

地控制和调整自己的行为，以提高自我控制的能力。

（3）生气时努力转移自己的注意力

使自己生气的事，一般都是触动了自己的尊严或切身利益，人很难一下子冷静下来。所以，当你察觉到自己的情绪非常激动，眼看控制不住时，可以及时采取暗示、转移注意力等方法自我放松，鼓励自己克制冲动。可采用言语暗示，如"不要做冲动的牺牲品"，"过一会儿再来应付这件事，没什么大不了的"等。或转而去做一些简单的事情，或去一个安静的环境，这些都很有效。人的情绪往往只需要几秒钟、几分钟就可以平息下来。但如果不良情绪不能及时转移，情绪就会更加强烈。根据现代生理学的研究，人在遇到不满、恼怒、伤心的事情时，会将不愉快的信息传入大脑，逐渐形成神经系统的暂时性联系，形成一个优势中心，而且越想越巩固，日益加重；如果马上转移，想高兴的事，向大脑传送愉快的信息，争取建立愉快的兴奋中心，就会有效地抵御、避免不良情绪。

（4）在冷静下来后，思考有没有更好的解决方法

在遇到冲突、矛盾和不顺心的事时，不能一味地逃避，还必须学会处理矛盾。首先，要明确冲突的主要原因是什么、双方分歧的关键在哪里。然后，再想一想解决问题的方式可能有哪些、哪些解决方式是冲突一方难以接受的、哪些解决方式是冲突双方都能接受的。最后，找出最佳的解决方式，并采取行动。

放松自己，让内心安定

俗话说："不如意事常有八九。"人生际遇不是个人力量可左右的，我们究竟是经常看到生活中光明的一面还是黑暗的一面，这在很大程度上决定着我们对生活的态度。我们完全可以运用自己的意志力来做出正确的选择，养成乐观的性格。乐观、豁达的性格有助于我们看到生活中光明的一面，即使在最黑暗的时候，乐观的人也能看到光明。

有这样一个故事：

新来的小沙弥对什么都好奇。秋天，禅院里红叶飞舞，小沙弥跑去问师父："红叶这么美，为什么会掉下来呢？"师父一笑："因为冬天来了，树留不住那么多叶子，只好舍。这不是'放弃'，是'放下'。"

冬天来了，小沙弥看见师兄们把院子里的水缸扣过来，又跑去问师父："好好的水，为什么要倒掉呢？"师父笑笑："因为冬天冷，水一结冰就会膨胀，可能会把缸撑破，所以要把水倒掉。这不是'真空'，是'放空'。"

相信自己确实能

大雪纷飞，一层又一层的雪积在几棵盆栽龙柏上。师父吩咐徒弟合力把盆放倒，让龙柏躺下来。小和尚又不解了，急着问："龙柏好好的，为什么要把它放倒？"师父正色道："谁说好好的？你没见雪把树枝都压塌了吗？再压就断了。那不是'放倒'，是'放平'。为了保护它，让它躺平休息休息，等雪霁再扶起来。"

天寒，游客骤减，香火收入少多了，连小沙弥都犯愁，小沙弥又跑去问师父怎么办。"少你吃、少你穿了吗？"师父眼一瞪，"数数！柜里还挂着多少衣服？柴房里还堆了多少柴？仓库里还积了多少土豆？别想没有的，想想还有的。苦日子总会过去的，春天总会来，你要放心。'放心'不是'不用心'，是把心安顿。"

春天果然来了，大概因为冬天的雪水特别多，春花烂漫，胜于往年，前殿的香火也渐渐恢复往日的盛况。师父要出远门了，小沙弥追到山门："师父，您走了，我们怎么办？"师父笑着挥挥手："你们能放下、放空、放平、放心，我还有什么不能放手的呢？"

现代社会高速发展，虽然拉近了人与人空间上的距离，但心的距离越来越远；虽然使我们的视野越来越开阔，但我们常常有一种莫名其妙的困惑和忧虑，这种感觉使我们在生活中步履维艰。不断变化的人、不断变化的环境，让我们觉得有些措手不及，容易在物质世界里迷失了自我。其实，物质财富并不像很多人想象的那样重要，当一个人看淡物质的时候，心才会静。

我们应该学会关注真、善、美，关注美丽的事物，专注健康，这样就容易形成正面的思维，放松紧绷的心。

在生活中，乐观的人总能看到生活中好的一面，对于这种人来说，世间根本就不存在什么令人伤心欲绝的痛苦，因为他们即使在灾难和痛苦之中也能找到心灵的慰藉。正如在最黑暗的天空中，尽管看不到太阳，重重乌云布满了天空，但他们还是知道太阳仍在乌云之上，太阳的光线终究会照到大地上来。

有本书上说："人活多年，就当快乐多年。"一个人要想生活得幸福，必须充分认识到快乐的意义，有积极追求快乐的强烈意愿，培养强烈的快乐意识，把快乐作为日常生活的必修课。

是否能够安心快乐地生活，一方面取决于客观实际，另一方面则取决于思维方式。如果觉得不幸福，就会感到不幸；相反，只要心里想快乐，绝大部分人都能如愿以偿。很多时候，快乐并不取决于你是谁、你在哪儿、你在干什么，而取决于你当时的想法。莎士比亚说："事情的好坏，多半是出自想法。"伊壁鸠鲁也说："人类不是被问题本身所困扰，而是被他们对问题的看法所困扰。"

有这样一则神话故事：山中有一个宝库，要打开它的大门，就需要念一个咒：芝麻开门。其实这个"咒"是一种潜意识强

相信自己确实能

化自己的方法。潜意识是存在于我们心灵中的宝藏，要打开它的大门，我们先要了解潜意识的工作方式。潜意识怎样工作呢？人的心理中存在着意识和潜意识。意识通过五官来感知，可以进行推理，可以做出选择。而潜意识却只透过直觉感知，它是产生感情的地方，是记忆的"仓库"。潜意识是不受控制的，如果一个人的意识和潜意识不协调，这个人就会人格分裂。为什么世界上有那么多的人处在混乱和痛苦之中呢？就是因为他们不理解自己心理上的这两种意识的相互作用。如果意识和潜意识能和谐一致地同步合作，人就会健康、幸福、平安、喜悦。

那么，怎样才能让两种意识和谐一致呢？医学上已经证明，睡眠的时候，人体处于放松状态，没有主观意识的干扰，潜意识会工作得更好，所以潜意识的工作方式就是放松。你放松的时候，潜意识就会工作。紧张会破坏潜意识的正常工作。比如你现在心跳很正常，但你一注意自己的心跳，情绪紧张，心跳马上就会加快，因为你破坏了潜意识的工作。所以与潜意识和谐一致的唯一方法就是放松自己。

有个小和尚学会了入定，可是每次入定不久，他就感到有只大蜘蛛钻出来捣乱。没办法，他只得向老和尚请教："师父，我每次一入定，就有大蜘蛛出来捣乱，赶也赶不走。"师父笑着说："那下次入定时，你就拿支笔在手里，如果大蜘蛛再出来捣乱，你就在它的肚皮上画个圈，看看是哪路妖怪。"听了老和尚的话，小和尚准备了一支笔。再一次入定时，大蜘蛛果然又出现了。小和尚见状，毫不客气，拿起笔来就在蜘蛛的肚皮上画了个圈圈。谁知刚一画好，大蜘蛛就销声匿迹了。没有了大蜘蛛，小和尚就可以安然入定，再无困扰了。过了好长一段时间，小和尚出定后，一看才发现，原来画在大蜘蛛肚皮上的那个圈，赫然出现在自己的脐眼周围。这时，小和尚才悟到，入定时的那个"破坏分子"大蜘蛛不是来自外界，而是源于自身思想上的心猿意马。

其实很多时候，所谓的打扰其实并不是来自外界，而是来自自己的内心。如果我们能使内心安定，我们就不会受到各种干扰，也就不会感到心烦了。